Vida zen, vida divina

Vida zen, vida divina

Un diálogo entre el budismo zen y el cristianismo

Rubén L.F. Hábito

Título original de la obra: *Living Zen, Loving God*
Publicada por Wisdom Publications, Boston, EUA.

COORDINACIÓN EDITORIAL: Matilde Schoenfeld
TRADUCCIÓN: Sergio Negrete
PORTADA: Víctor M. Santos Gally

Av. Cuauhtémoc 1430
Col. Santa Cruz Atoyac
México DF 03310
Teléfono: 5605 7677
Fax: 5605 7600
editorialpax@editorialpax.com
www.editorialpax.com

Primera edición
ISBN 978-968-860-936-1

Impreso en México / *Printed in Mexico*

A Joanna De La Cruz Sada
(1977-2002)

ÍNDICE

Nota preliminar de John P. Keenan

Rubén Hábito es un distinguido erudito, bien preparado y perceptivo. Pero más que eso, se trata de un auténtico practicante tanto del cristianismo como del zen. Y más allá todavía que *eso*, Rubén ha alcanzado un nivel aun más elevado: el de un ser humano igual a otros que ama a su esposa, juega con sus pequeños hijos y disfruta de la buena compañía de los amigos.

El presente libro, que trata sobre vivir el zen y amar a Dios, es en cierta forma una exploración de las profundidades de la simplicidad de Rubén Hábito. Como dice el koan zen: "La mente ordinaria es el camino del despertar". Aun así, lo que aquí se afirma no carece de audacia. No es éste un libro *sobre* budismo y cristianismo, o *sobre* vacuidad y teísmo. Hábito brinda un testimonio de cómo, a través de la práctica del zen, ha vivido la experiencia de la iluminación. Asimismo, da cuenta de su fe cristiana. En una obra anterior, abordó la profunda experiencia que, aun joven, significó para él la expansión de su conciencia de Dios más allá de la figura del Dios Padre que tan a menudo se interpreta como la realidad última.[1] En la obra que ahora nos ocupa, Hábito

---

[1] "Close Encounters of a Certain Kind", en *Beside Still Waters: Jews, Christians, and the Way of the Buddha*. Editado por Harold Kasimow, John P. Keenan y Linda Klepinger Keenan (Boston, Wisdom Publications, 2003).

describe, de manera directa y simple, su experiencia del despertar a través de la práctica del zen.

No deja de sorprendernos que dos reconocidos maestros del linaje *sanbo kyodan* del zen japonés –roshi Koun Yamada y roshi Hakuun Yasutani– hayan validado la autenticidad de la iluminación de este cristiano practicante del zen. Como señala el destacado padre jesuita alemán y maestro zen Hugo Enomiya-Lassalle en su nota preliminar a la primera, y en muchos sentidos distinta, edición de este libro, Rubén Hábito es el primer católico cuya experiencia de la iluminación ha sido autenticada por reconocidos maestros del zen. Lo cual ciertamente sirve para desdibujar las fronteras entre ser cristiano y vivir el zen. Un jesuita practicante se sumerge en la meditación zen y experimenta no sólo una profunda y conmovedora revelación, sino que actualiza la experiencia central, hacedora de budas, de la iluminación. Esta es una tarea audaz y una afirmación extraordinaria, y más cuando se ve validada por los maestros zen encomendados por el linaje mismo de validar tales experiencias.

Por lo general este tipo de cosas no suceden. Los musulmanes raras veces tendrán visiones de Vishnú. Los judíos no se encuentran con Jesús en las profundidades de sus oraciones. Y cuando se da el caso de personas que afirman tener experiencias religiosas de tradiciones cruzadas, éstas a menudo resultan sospechosas a los ojos de los practicantes de dichas tradiciones. Cuando el yogui Paramahansa Yogananda, en su *Autobiografía de un yogui*, relata sus visiones paralelas de su maestro Sri Yukteswar y Jesucristo, la reacción de los cristianos tiende a ser altamente escéptica, puesto que Yogananda, en el contexto de su metafísica yóguica, describe dichas figuras en términos de cuerpos astrales.[2] Es muy poco probable que un cristiano lo reconozca como cristiano sobre la base de dicha visión.

Sin embargo, la sede del *sanbo kyodan*, San-un zendo (Sala de Meditación de las Tres Nubes) de Kamakura, donde Hábito inició su práctica del zen, constituye en cierta medida un caso singular. En él se da una comprensión radical de la enseñanza zen según la cual la iluminación rebasa la verbalización y por lo tanto se transmite de persona a persona, sin palabras. Con lo que se entiende que tal experiencia del despertar no se limita a personas de filiación budista. Lo mismo judíos que cristianos –y de hecho cualquiera– pueden practicar y vivir las honduras que por vez primera sondeó el buda Shakyamuni. Se trata en verdad de una apertura radical; algo equivalente a que un grupo de cristianos compartiera su sagrada comunión eucarística con budistas, o a que se reconociera un idéntico nivel de gracia y santidad entre judíos, musulmanes e hindúes. No todos estarían de acuerdo con semejante flexibilización de fronteras.

Tal y como Rubén Hábito describe su experiencia de la iluminación, ésta se dio en el seno de su nativo contexto zen japonés y fue puesta a prueba por roshi Koun Yamada en la tradicional entrevista privada. Luego fue sometida a mayores pruebas por roshi Hakuun Yasutani, maestro de Yamada, y nuevamente se le declaró auténtica iluminación zen. Desde entonces otros no budistas han seguido la misma trayectoria, y en la actualidad hay una pequeña falange de maes-

---

[2] Yogananda, Paramahansa, *The Autobiography of a Yogi* (Self-Realization Fellowship, 1944), p. 475 ss. y 561 ss.

tros zen judíos y cristianos, formados dentro del linaje Sanbo Kyodan, que han tenido experiencias similares.

Éste es un fenómeno completamente diferente al del zen que se exportó al occidente durante los años sesenta. En una conversación con un colega, éste me mencionó que alguna vez le preguntó al venerado especialista en zen D.T. Suzuki cuántos occidentales habían logrado el *satori* –iluminación– durante sus largos años de magisterio en Estados Unidos. "¡Ni uno solo!", exclamó. Suzuki consideraba el zen como parte indisoluble de la cultura japonesa, afuera de la cual resultaba muy difícil practicarlo y casi imposible practicarlo de manera efectiva. Lo cual constituye una actitud típica en muchas tradiciones, es decir, que la gente debe estar culturalmente preparada para escuchar y practicar un camino de verdad. De hecho, a menudo los cristianos identifican su cultura (la occidental) con los evangelios mismos.

Pero en este libro no vamos a leer sobre teoría de fronteras. No estamos hablando de budismo y cristianismo. Antes bien, leemos acerca de vivir y amar, tal y como se entrelazan en una cultura e Iglesia católica cristianas y en un linaje y sala de meditación budistas zen. Leemos acerca de experiencias transformadoras de la vida, sobre una iluminación que trasciende fronteras y filiaciones religiosas.[3]

Y, sin embargo, no hay aquí mezcla alguna de tradiciones. Cada una se conserva nítida y bien delimitada, si bien entreverada a las prácticas de amar a Dios y vivir el zen. Cada una enriquece a la otra sin que ninguna se convierta en una suer-

---

[3] Se le recomienda al lector asomarse al provocador libro de James W. Heisig *Dialogues at One Inch Above the Ground: Reclamations of Belief in an Interreligious Age* (Crossroads, 2003).

te de mutación adulterada de sí misma. Rubén Hábito se complace en describir su entendimiento de ambas tradiciones como la inhabitación mutua de un vivir el zen y un amar a Dios. La palabra que emplea proviene de un término teológico griego, *perikoresis,* que en la teología cristiana se usa para designar una completa y total inhabitación de cada una de las personas de la Trinidad en las otras dos, de manera que Padre, Hijo y Espíritu Santo, si bien delimitado el uno del otro, moran totalmente dentro de una sola realidad incluyente descrita como la Trinidad. De modo que aquí el zen sigue siendo zen y la fe cristiana sigue siendo fe cristiana. Ni uno ni otra se diluyen, ni se les confunde o manipula hasta dejarlos irreconocibles. Más bien, cada uno se entrelaza y cohabita con el otro.

La práctica del zen de Rubén Hábito no es el zen etéreo de la imaginación popular que de alguna manera yace más allá de cualquier práctica o enseñanza religiosa concreta. Es el zen enseñado en el Sanbo Kyodan por los maestros japoneses Yasutani y Yamada, mismo que han aprendido y practicado numerosos maestros estadounidenses: la hermana Elaine MacInnes, Bernie Glassman y el padre Robert Kennedy, entre otros. Asimismo, la fe católica expresada aquí no es una fe debilitada a la que de alguna manera se quiere acomodar dentro de los patrones zen de enseñanza. No es de eso de lo que trata este libro. Muy por el contrario. Aquí cada tradición se ve impelida hasta la experiencia más visceral, mientras que toda práctica tiene como fin dar cuenta de la realidad interior de la tradición. El maestro zen chino Wumen, en su comentario al koan "Tres libras de lino" de su *Barrera sin puerta,* dice que el viejo Ma Tsung-shan ha en verdad expuesto sus entrañas, del mismo modo que la almeja abierta deja al descubierto su hígado e intestinos. Wu-men no está adelantando una enseñanza doctrinal sobre la naturaleza búdica, sino que apunta de manera directa a la experiencia visceral de vivir la iluminación, vivir el zen, amar a Dios.

Y una experiencia de tal visceralidad desemboca, a su vez, en una penetración intuitiva de las verdades doctrinales. Cuando Rubén Hábito habla de amar a Dios y explica que Dios es a un mismo tiempo sujeto, objeto y la acción misma de amar, está haciendo referencia no sólo a san Agustín, sino también –y en mayor medida– a Wu-men, ya que semejante experiencia describe una trinidad de circumincesión no discriminativa dentro de la cual un amor a Dios omniincluyente, y sin embargo vacío, nos conduce hacia iluminaciones que nos reconcilian con este mundo concreto.

Esta teología pericorética mantiene a las tradiciones en una tensión creativa dentro de la práctica personal de una historia individual. Su vacuidad se fundamenta en la historia dependientemente originada de todos y cada uno de los practicantes. Rubén Hábito nació en Asia, se crió dentro de la tradición católica de las Filipinas, se formó a partir de los ejercicios de san Ignacio de Loyola, se sumergió en la cultura y filosofía japonesas, y se entrenó en una sala de meditación zen debiendo vérselas con el koan "Mu" (Un monje le pregunta a Chao-chou: "¿Tiene el perro naturaleza búdica, o no?"; a lo que Chao-chou responde: "Mu" [¡Uf!]). El koan desencadenó en Hábito una experiencia tan genuina que mereció el sello de autenticidad de los maestros zen expertos en distinguir entre realización auténtica y un estado de despertar falso. Esta singular historia personal de Rubén Hábito da pie a las ya mencionadas tensiones presentes en el libro –tensiones no destructivas sino creativas, el tipo de tensiones que cabría esperar de un cristiano practicante impulsado a practicar el zazen y a tomar su propia naturaleza búdica como una realidad existencial.

La teología que percibo en este libro bien podría denominarse "teología rudimentaria", una teología de vislumbres arrancados a una intensa práctica, inmersa en el mundo, que se resiste a alcanzar un expresión verbal última y que empuja a uno de vuelta al núcleo más hondo de lo que significa ser humano. Una teología que se niega a apresurarse en pos de la claridad conceptual, pues el peligro más grande y más constante de toda religión es captar con palabras lo que uno apenas ha comenzado a experimentar en sus entrañas. Y aunque el zen ciertamente cuenta con una historia verbal y una tradición bien desarrollada, como ha sido señalado por varios especialistas,[4] dicha tradición lo impele a uno hacia la total liberación, tanto personal como social, tanto última como mundana.

Esta es una teología de gruñidos, que se esfuerza, durante horas de práctica y de estar sentado, por expresar lo que la claridad de las palabras a menudo deja oculto. La tradición

---

[4] Vean, entre otros, a Bernard Faure, *The Rhetoric of Immediacy: A Cultural Critique of Chan/Zen Buddhism* (Princeton University Press, 1991); Steven Heine, ed., con Dale W. Wright, *The Koan: Text and Context in Zen Buddhism* (Oxford University Press, 2000) y Steven Heine, *Opening a Mountain: Koans of the Zen Masters* (Oxford University Press, 2002); John McRae, *The Northern School and the Formation of Early Ch'an Buddhism* (University of Hawaii Press, 1986), y Robert H. Sharf, *Coming to Terms with Chinese Buddhism: A Reading of the Treasure Store Treatise* (University of Hawaii Press, 2001).

del zen abunda en anécdotas de discípulos y maestros que se interpelan por medio de alaridos, golpes y gruñidos, acompañadas de imágenes profundamente viscerales que logran en efecto expresar cosas pero se niegan a circunscribir la mente búdica de manera fácil. De la misma manera, san Pablo escribe que este mundo gime y lucha por alcanzar su plenitud en Cristo.

JOHN P. KEENAN
Steep Falls, Maine
Invierno de 2004

John P. Keenan es canónigo de la Iglesia anglicana y uno de los editores de *Beside Still Waters: Jews, Christians, and the Way of the Buddha*, así como de *The Gospel of Mark: A Mahayana Reading*.

Nota preliminar a la primera edición

Es para mí motivo de alegría ofrecer una nota preliminar al material sobre zen aquí reunido por Rubén Hábito. Cuando llegó a Japón en 1970, Rubén Hábito casi de inmediato se introdujo en la práctica del zen. Hasta donde sé, ha sido el primer católico en recibir confirmación de la experiencia zen inicial (*kensho*) por parte de un maestro zen japonés. Desde entonces ha seguido asiduamente su entrenamiento bajo este auténtico maestro zen, roshi Koun Yamada, del zendo San-un de Kamakura.

Durante sus años formativos en Japón como jesuita, Rubén mostró su alto calibre intelectual al ser admitido por la prestigiosa Universidad de Tokio, de ambiente erudito, y graduarse en ella honoríficamente con un doctorado en filosofía budista.

Rubén Hábito tiene herramientas de sobra para escribir un libro como éste. Me refiero no sólo a su conocimiento del budismo y el cristianismo y su experiencia práctica con la meditación sentada del zen, sino en especial a su profundización en la práctica del zen, la cual redunda en una profundización de sus preocupaciones sociales.

Al leer esta obra, me llama la atención la manera en que muestra cómo nuestras experiencias en el zen se ven confirmadas en la vida y palabras de Jesucristo, tal y como se nos presentan en los Evangelios. Estoy convencido de que los lectores disfrutarán este libro y que les ayudará a entender mejor la relación entre la espiritualidad zen y la cristiana.

HUGO M. ENOMIYA-LASALLE, S.J.

Prefacio

Los ensayos que forman la presente colección son un intento por esclarecer las siguientes interrogantes: ¿Cuál es la naturaleza de la experiencia de iluminación zen? ¿De qué manera contribuye dicha experiencia a guiar nuestras acciones en el mundo, cargado como lo está de conflicto, violencia y sufrimiento? ¿De qué forma puede la experiencia de la iluminación llevar a concreción una espiritualidad socialmente comprometida? Y el hecho de haber llegado a la práctica del zen como alguien nacido y educado dentro de la tradición cristiana (específicamente la católica romana), me obliga a abordar una pregunta que ha surgido a raíz de mi propia lucha interior a lo largo de los años: ¿Cómo entender y articular la experiencia zen a la luz de mi propia fe cristiana?

Dicho en *muy* pocas palabras, vivir la vida del zen de una manera auténtica significa experimentar lo que los cristianos describen con la frase "amar a Dios". Sin embargo, debe quedar muy claro que el término *Dios* que se utiliza en este contexto no ha de entenderse como mero complemento del verbo *amar*. De hecho, se trata del sujeto, el complemento y la acción misma de Amar. Pero, de nuevo, el budista que hay en mí de inmediato se apresta a replicar: al hacer semejante afirmación, uno debe darse cuenta y subrayar que tanto el sujeto como el complemento y la acción, ¡están todos vacíos!

La anterior "respuesta" resulta obviamente insatisfactoria dada su torpe formulación, por lo que invito al lector a caminar conmigo a través de estas páginas y así obtener un vislumbre de lo que me gustaría comunicar.

Mi deseo es que estos ensayos, reunidos a partir de lo que he escrito y dicho en pláticas durante los últimos años, y que ahora presento ampliamente revisados para Wisdom Publications, ayuden al lector a entender mejor las posibilidades así como los peligros y escollos que la práctica del zen entraña, y lo que implica para nuestra vida diaria en este mundo turbulento. Ojalá que atraigan la atención hacia un aspecto que ha sido a menudo pasado por alto en otros estudios sobre zen, a saber, su relevancia como elemento impulsor de una praxis comprometida con lo social. Y finalmente, deseo que los ensayos le permitan al lector percibir resonancias con temas de la espiritualidad cristiana, de modo que aquellos que provienen y han hecho su hogar en la tradición cristiana puedan redescubrir y celebrar los tesoros que subyacen en la misma.

Agradecimientos

Quisiera expresar mi más profunda gratitud a mi ya difunto maestro, roshi Koun Yamada, cuya continua presencia y guía pueden sentirse a lo largo de las páginas de este libro, y a su esposa, la señora Kazue Yamada, que fue una madre generosa y cálida con todos los que nos sentamos en zazen en el zendo San-un.

Un hondo agradecimiento también para roshi Jiun Kubota y roshi Ryoun Yamada, sucesores de mi maestro en la dirección del Sanbo Kyodan, y quienes siguen manteniendo viva la lámpara del Darma en nuestro linaje. Un agradecimiento especial a todas las hermanas y hermanos del Darma de la comunidad de maestros del Sanbo Kyodan, de quienes recibo tan abundante guía y sabiduría y tantos abrazos cálidos cada vez que nos volvemos a encontrar en nuestros retiros anuales y talleres. Entre ellos, quisiera agradecer de manera especial a la hermana Elaine MacInnes. Fue gracias a su invitación que tuve la oportunidad de dar algunas pláticas sobre zen en su sangha en Manila, a partir de las cuales muchos de los ensayos de esta colección cobraron forma. Una profunda reverencia y *gassho* en agradecimiento por la constancia de su amistad y su guía a través de los años.

Mi más profunda gratitud a muchos otros individuos, pero en especial:

Al difunto padre Hugo Enomiya-Lasalle, quien tan gentilmente escribió el prólogo a la primera edición de este libro y que fue pionero en abrir para muchos el camino del zen.

Al padre Thomas Hand, quien, como mi director espiritual en mis primeros años de formación jesuítica, me presentó a roshi Yamada y me introdujo a la comunidad del Sanbo Kyodan en Kamakura.

A roshi Robert Aitken, mentor y hermano mayor en el Darma, quien ofreció su apoyo incondicional a mi traslado de Japón a Estados Unidos y me alentó a "regar las secas llanuras del sudoeste". Lo mismo para mí que para muchos otros, roshi Aitken es la encarnación misma de la vida de sabiduría zen que desemboca en la compasión.

A la hermana Rosario Battung, hermana en el Darma, quien literalmente me tomó de la mano y me introdujo a muchas de las personas con que trabajaba en Isabela, en la parte norte de las Filipinas, donde tuvieron lugar muchos encuentros memorables y reconfortantes, que hasta la fecha contribuyen a mi formación.

A la hermana Vicky Palanca, mi amiga y mi apoyo a lo largo de los años.

A Joan Rieck, hermana en el Darma que también vive en las llanuras del sudoeste y quien amablemente ha accedido a sentarse con nosotros de vez en cuando y ofrecer su apacible guía a los miembros de nuestra comunidad zen María Kannon en Dallas, Texas.

A todos los miembros de nuestra comunidad zen Maria Kannon, que durante años se han sentado con nosotros y que son una parte íntima de mi travesía en el zen. Ellos han sido mis maestros en este camino. Una nota especial de gratitud y aprecio para Helen Cortes, por la constancia y desinterés en su servicio a la sangha, y sin quien no estaríamos donde estamos ahora.

Para todos y cada uno de los miembros de mi familia inmediata, empezando por mis padres, a quienes dedico este libro, a mis hermanos y hermanas, y sus familias; a mi esposa, María Dorothea, e hijos, Florian y Benjamin.

A Robert Ellsberg y William Burrows, de Orbis Books, quienes hicieron posible la publicación de la edición primera de este libro en 1989.

A mis colegas maestros de zen David Loy, Taigen Leighton, Mitra Bishop, James Ishmael Ford, y otros, quienes me animaron a dar los primeros pasos en la reedición de este libro, que llevaba varios años fuera de circulación, y que amablemente me recomendaron en Wisdom Publications. Y por último, aunque no menos importante, a Josh Bartok, mi editor en Wisdom, mi sincero agradecimiento por sus palabras de aliento, sus consejos sabios y pertinentes comentarios y preguntas. Su incansable esfuerzo ha sido decisivo para el enriquecimiento de la calidad y precisión del lenguaje utilizado en esta colección de ensayos.

Introducción

El término japonés *kensho* a menudo se traduce como "experiencia de iluminación", aunque en japonés se escribe como un compuesto de dos caracteres que significan "ver" y "naturaleza de uno mismo". Así, en el contexto del zen, iluminación se entiende como la experiencia de "ver dentro de la propia naturaleza", es decir, ver a través, y con claridad, la realidad de todo como algo no independiente de uno, de todo como es en realidad.

Kensho es el fundamental "fruto" segundo de los llamados "tres frutos" del zazen, la práctica de meditación sentada. El primer fruto, la profundización del poder de concentración (*joriki*), despeja el camino a la iluminación, mientras que el tercero, la personalización de dicha iluminación –que se describe como la "manifestación corporal del camino sin igual" (*mujodo no taigen*)– es resultado de aquélla.

Los ensayos de esta colección son un intento por develar dichas experiencias y examinarlas desde distintos puntos de vista.

El primero de ellos, titulado "Ver dentro de la propia naturaleza", es la relación de mi atisbo inicial en el mundo del zen. Describe una experiencia de kensho que fue confirmada por mi maestro roshi Yamada. Este ensayo también refleja mis primeros intentos por articular la experiencia de iluminación zen en los términos de la tradición de la fe cristiana en la que fui educado y a la que sigo perteneciendo.

El segundo ensayo, "Vacuidad y plenitud", se centra en cómo la experiencia de la iluminación afecta y echa luz sobre la totalidad de nuestra perspectiva del mundo y nuestra relación con los eventos que tienen lugar en él. La imagen escritural budista del espejo utilizada para describir una mente que ha despertado, y a la cual recurro en este capítulo, ofrece una clave sobre cómo la iluminación zen puede dar concreción a una espiritualidad socialmente comprometida, que a su vez habilita a la persona a internarse de manera efectiva en el mundo de los seres que sufren y a buscar, con ellos, una vía de liberación.

El tercer ensayo, "El Sutra del Corazón sobre la sabiduría que libera", ofrece una lectura del Sutra del Corazón –un breve texto escritural recitado regularmente en las salas de meditación zen de todo el mundo– que tiene como objetivo articular la experiencia de iluminación zen. El Sutra del Corazón ha ocupado siempre un lugar destacado en la historia del budismo mahayana como expresión sucinta de la naturaleza, estructura y "contenido" de la iluminación de Buda, así como de la misma realidad. Su mensaje central se concentra en la frase: "La forma no es sino vacuidad, la vacuidad no es sino forma." Este ensayo examina la dimensión de experiencia a la que apunta dicha frase. La primera parte aborda la causa de nuestro sufrimiento –nuestro apego a las realidades finitas de la "forma"– y la fuente de nuestra liberación del sufrimiento, a saber, mediante la realización de la vacuidad de toda forma. La segunda parte del ensayo describe el retorno a estas realidades finitas, pero de una manera libre de apegos. Es el retorno del bodisatva a este mundo de sufrimiento, con un corazón compasivo que abarca a todos los seres.

Como una mirada directa al misterio del sufrimiento, el cuarto ensayo explora el famoso koan del maestro Yunmen que aparece en el *Registro de la Roca Azul*: "Cada día es un buen día". El tratamiento que se brinda a un koan por lo general queda reservado a los encuentros cara a cara entre el discípulo y un maestro zen calificado, pero este tratamiento abierto de un koan específico tiene como fin elucidar lo que implica "trabajar con un koan", sin revelar el material reservado sólo para la transmisión oral.

El quinto ensayo es una glosa de la "Canción del zazen" de Hakuin, obra especialmente popular en los círculos Rinzai del zen. En él repasaremos algunos temas cristianos paralelamente a nuestra exploración del significado de las palabras de Hakuin. El primer verso del poema, y tema central del mismo: "todos los seres sensibles son desde el principio budas", articula el contenido de la Gran Fe (o Gran Confianza), la cual, junto con la Gran Duda y la Gran Resolución, conforman una tríada que sirve como clave a la realización de la iluminación.

El sexto ensayo, "El samaritano iluminado", es una lectura zen de un relato tomado de las escrituras del Nuevo Testamento, la conocida parábola del buen samaritano. Más allá del estereotipo moral con que suele asociarse dicha historia, esta lectura intenta extraer su enseñanza sobre una forma de ser iluminada y la manera en que ésta se relaciona con vivir una vida de compasión en este mundo.

El séptimo ensayo explora los cuatro votos del bodisatva, exponiendo sus implicaciones en un modo de vivir caracterizado por un corazón y una mente que abarcan a todos los seres sensibles y trabajan activamente a favor de su liberación. Ésta es otra expresión clásica de una mente despierta y un corazón compasivo que llevan a concreción una espiritualidad y visión del mundo socialmente comprometidos.

El octavo ensayo examina de cerca al bodisatva Kanzeon, "El que atiende los lamentos del mundo", también conocido como Kannon (Kuan-yin o Guanyin, en chino; Avalokitesvara, en sánscrito). En Kanzeon encontramos una poderosa inspiración para el trabajo ecológico y social budista, y recuerda en más de un sentido la figura de María de la tradición cristiana.

El noveno ensayo, "La experiencia zen del misterio triuno", estudia los tres "momentos" cruciales en el modo de vida zen y señala sus paralelos con un tema cristiano de la vida vivida en el círculo interno del misterio triuno.

El último ensayo es un breve recuento de cómo la práctica del zen, centrada en la sincronización con la respiración, armoniza con los temas centrales de una espiritualidad cristiana comprometida. Se presta especial atención a la relación entre la práctica del zen y la consumación de la misión de Jesús de llevar la luz a aquellos que no pueden ver y de liberar a los pobres y oprimidos de la tierra. (Lucas 4:16-31)

Incluimos también un apéndice con la transcripción de una conversación entre roshi Koun Yamada y el padre Hugo Enomiya Lassalle, dos gigantes de la espiritualidad, ambos difuntos, que continúan siendo, para este autor, una fuente de inspiración. Los temas abordados en esta plática con ambos maestros zen –uno de ellos budista, el otro cristiano– están íntimamente relacionados con los temas centrales de este volumen.

Ver dentro de la propia naturaleza
Una experiencia cristiana del zen

Se me introdujo por primera vez al zen en la primavera de 1971, menos de un año después de mi llegada a Japón desde las Filipinas. Un amigo japonés me invitó a un retiro zen (llamado *sesshín*, que literalmente significa "encuentro del corazón") que se llevaría a cabo en Engakuji, un templo rinzai ubicado en Kita-Kamakura. Picado por la curiosidad y la fascinación, me encontré inmerso en un periodo de disciplina rigurosa que duró cuatro días. Me levantaba a las tres de la mañana y continuaba hasta las diez de la noche, meditando en un estricto silencio interrumpido solamente por el sonido de las campanas, los bloques de madera y las llamadas de atención de los monjes veteranos. La mayor parte del tiempo sólo la pasé sentado en flor de loto en una amplia sala, atento a mi respiración.

Salí de esto con las piernas adoloridas y la espalda resentida por la "vara animadora" (*keisaku* o *kyosaku*, literalmente "instrumento de advertencia") utilizada por los monjes-instructores. Aun así, mi primer retiro fue una experiencia poderosa y vigorizante que despertó mi apetito de seguir.

Algo que me pareció de buen augurio fue enterarme de que mi director espiritual jesuita de entonces, el padre Thomas Hand, también estaba practicando el zen. Fue de hecho él quien me introdujo con Koun Yamada, el roshi (maestro zen) a cargo de la comunidad de legos practicantes que llegaron a sentarse en el San-un Zendo de Kamakura.

En mi entrevista (o *dokusan*) inicial, a la pregunta del roshi sobre lo que yo buscaba con la práctica del zen, respondí que quería una respuesta a la pregunta "¿Quién soy?" Con esto me dio el famoso koan *mu* para mi práctica zen. El koan *mu* dice así:

> Un monje, con toda seriedad, le preguntó al maestro zen Chao-chou: "Tiene un perro naturaleza búdica, o no?" Chao-chou respondió: "¡Mu!"

Recibí como instrucción que dejara de lado todo pensamiento relacionado con el perro, o con la naturaleza búdica, y que sólo tomara la respuesta de Chao-chu como mi pista, repitiéndola con cada exhalación sentado en zazen de cara a la pared. El roshi me dijo que me agarrara de este *mu*, que volviera a él una y otra vez, y que lo dejara acompañarme hasta en el momento de acostarme a dormir.

Fue sólo un par de semanas después de esto que, en medio de una intensa práctica diaria de zazen, me sobrevino una experiencia semejante a un relámpago que sacudiera la tierra. Estallé en risas al tiempo que derramaba lágrimas de júbilo. El impacto de dicha experiencia duró varios días. Roshi Yamada, sondeándome con las acostumbradas preguntas para probar la experiencia de kensho, confirmó más tarde, durante el dokusan, que se trataba de un kensho, o experiencia de iluminación, genuino. Roshi Hakuun Yasutani, su predecesor y maestro, que estaba de momento de visita en Kamakura, hizo también una confirmación similar durante otra entrevista, en la que expresó estar satisfecho con mis respuestas a sus preguntas sobre la naturaleza de la experiencia que relaté. Según estos maestros, dicho evento señalaba mi ingreso formal en el mundo del zen. Alimentado por una continuada meditación y años de práctica adicional con koanes, esta experiencia inicial siguió enriqueciéndose, iluminando toda mi existencia, hasta en sus menores detalles.

¿Pero cómo describir esta experiencia? Tratar de describir el kensho resulta tan fútil como intentar comunicar coherentemente la experiencia de probar un té verde. Lo más práctico es señalar una taza de té caliente e invitar al otro a probarlo por sí mismo.

De manera similar, el verdadero importe de los Evangelios radica no tanto en una mera descripción de un estado de cosas, como en una invitación a probar y ver lo bueno que es el Señor, a "venir y ver las obras maravillosas de Dios" (Salmos 46:8). Las palabras y conceptos de los Evangelios cuando mucho cumplen la función de invitar a un encuentro vivo con la divina Presencia en el corazón mismo de nuestra humanidad.

♦♦♦

Un tema que suele tocarse en las pláticas introductorias a futuros practicantes del zen es el de los tres frutos del zen, a saber: el desarrollo del poder de concentración, o *samadhi* (*joriki*); la realización de la iluminación, o despertar (*kensho-godo*), y su manifestación en el vivir diario (*mujodo no taigen*). El simple ejercicio de sentarnos y poner atención a nuestra propia respiración da lugar, de manera muy natural, al primer fruto, en tanto uno logra "centrar" su total existencia en el aquí y ahora de cada respiración. Al lograrse esto, todos los elementos mentales, emocionales y psicológicos que constituyen nuestra personalidad se unifican, en vez de dispersarse, como tan a menudo nos sucede en nuestra agitada vida cotidiana. Aquel que practica el zazen durante un periodo considerable de tiempo tiende hacia una mayor integración de su vida, a reunir los cabos sueltos, por decirlo así, en una trama total y también más saludable.

Esta integración y desarrollo de la concentración sienta las bases para lo que constituye el factor verdaderamente crucial en el zen: la experiencia de la iluminación. Claro está, la iluminación no se realiza únicamente por la sola cantidad de tiempo que se invierte en la práctica de sentarse, aunque esto sin duda ayuda. Para decirlo en términos cristianos, el kensho sólo puede describirse como una maravillosa obra de la gracia. No podemos hacer que tenga lugar esta experiencia sólo con nuestro esfuerzo; antes bien, sólo podemos hacernos disponibles a que dicho evento de la gracia suceda, mediante una asidua práctica del zazen, atentos a nuestra respiración y en sincronía con el aquí y el ahora.

Aun así, años de disciplina y práctica sentada no garantizan el "resultado" en sí. Experiencias similares pueden darse, y de hecho se dan, entre individuos que nunca se han sentado formalmente en el zen. Como dice en el Nuevo Testamento, Dios en total libertad es capaz de convertir a las mismas piedras en hijos de Abraham (Mateo 3:9). Todos somos susceptibles, en su debido momento, a tal visitación de la gracia; lo único que podemos hacer de nuestra parte es ponernos en disposición mediante la eliminación de la mayor cantidad de obstáculos que nos sea posible.

La experiencia de la iluminación a veces aparece descrita de esta manera: el polluelo aún envuelto por la cáscara del huevo intenta abrirse camino desde fuera, picoteando insistentemente desde dentro con su pequeño pico. Entonces, en el momento oportuno, la gallina madre comienza a picotear el huevo desde fuera hasta que, *¡sorpresa!*, ¡la cáscara se abre y salta el polluelo hacia la luz! Un solo "picotazo" dado en su debido momento por el maestro zen es todo lo que se requiere para liberarnos de nuestros desmedidos deseos y fundamental apego al yo.

Después de esto, nos aprestamos a intentar poner orden en nuestras vidas de acuerdo con la disciplina zen. Una vez rota la cáscara, el polluelo debe seguir adelante con el proceso de convertirse en un pollo adulto. Así, el tercer fruto del zen se nos describe como la personalización de la experiencia de iluminación en nuestra vida diaria, en tanto dejamos que inunde con su luz todos los resquicios de nuestro universo cotidiano. Este repentino ingreso que supone la experiencia inicial es como hacerse de una llave para abrir el primer koan y descubrir que se trata de una llave maestra que sirve para abrir todas las otras puertas. El trabajo continuado con los koanes viene a ser como aprender a usar dicha llave para abrir las otras puertas que se nos van presentando en un emocionante proceso de descubrimiento que nos permite penetrar más y más en lo hondo del misterio de nuestro propio ser, el misterio del universo. Y sin embargo, la práctica con los koanes es un proceso que nos devuelve siempre al punto en que nos encontrábamos desde un principio.

Con todo, debo admitir que, cuando comencé con la práctica del zen, ya llevaba yo cierta ventaja, pues desde mi ingreso a la Compañía de Jesús a principios de los años sesenta, se me introdujo a los ejercicios espirituales de san Ignacio. Durante mis días de noviciado en las Filipinas, tuve el privilegio de participar en los ejercicios ignacianos de treinta días de duración. Ésta fue mi introducción formal a la espiritualidad jesuítica y a un modo de vida que incluía una hora diaria de silencio meditativo. Parte del régimen al que se me había acostumbrado años antes de iniciarme en el zen fue el periodo anual de ochenta días de prácticas espirituales en la tradición ignaciana.

Sin embargo, los ejercicios ignacianos, especialmente al principio, tienden a colocar el énfasis en los esfuerzos de una mente discursiva, lo cual implica una buena cantidad de conceptualización y reflexión teológicas.

El haber llegado al zen, y habiéndoseme dicho que abandonara todo este tipo de conceptualización y esfuerzo mental y que simplemente me sentara con mi respiración, abrió para mí las ventanas de mi ser y dejó entrar una brisa maravillosamente fresca. Para mí éste era el aliento vivo de Dios, que recrea la tierra y renueva todas las cosas. Las ideas teológicas son no más que, digamos, la imagen de una golosina que acaso haga agua la boca pero nunca satisfará un estómago hambriento. La práctica del zen nos invita a dejar a un lado esta imagen, tomar la golosina y darle una mordida.

Al principio, cuando trabajaba con el koan *mu* que desembocó en mi experiencia de kensho, tendí a abordarlo a través de una complicada gimnasia intelectual, habiendo recibido mi formación filosófica entre los jesuitas, además de ser de un temperamento de por sí un tanto inquisitivo. El contexto original del koan es simplemente una respuesta negativa de Chao-chou a la pregunta del monje: "No, querido monje, un perro *no* tiene naturaleza búdica."

Pero entonces, claro está, dicha respuesta iría en contra de la doctrina básica del budismo, según la cual todos los seres vivientes tienen naturaleza búdica (o naturaleza original, o "esencial"), incluyendo perros y gatos, salamandras y cucarachas, y todo lo demás. Más aún, la palabra *mu* significa también "nada". De manera que el koan me puso a "pensar" sobre el concepto de la "nada" o de la "vacuidad", y no pude evitar filosofar en torno a esta noción tanto durante como después de mi zazen.

Por cierto, durante la época en que comencé a practicar el zen con el koan *mu* estaba leyendo un libro en japonés del renombrado filósofo de la Escuela de Kyoto, Nishitani Keiji, que posteriormente apareció traducido con el título *La religión y la nada*. De esta lectura recibí la muy importante pista de que *mu* no era lo mismo que el *concepto* "nada" o "no ser" en tanto simple opuesto de "ser". Comencé a ver que este *mu* de Chao-chou trascendía dicha dualidad. No era ni "algo" ni "nada", y estaba más allá del "ser" y el "no ser".

De manera que, en mi zazen, abandoné mis esfuerzos mentales por analizar los conceptos que habían entrado en juego y opté simplemente por sentarme, con las piernas cruzadas, la espalda recta, regular mi respiración y enfocar todo mi ser en este *mu* con cada exhalación. Durante las entrevistas, mi roshi me animaba aconsejándome que me "hiciera uno" con este *mu*, que me *absorbiera totalmente* (*botsunyu*: literalmente "perderse uno mismo y entrar") en él. *Mu* y tan sólo *mu*. *Mu* con cada respiración. Asimismo, *mu* con cada paso, cada sonrisa, cada roce, cada sensación.

Y fue este estado mental el que precipitó esa experiencia explosiva que habría de iluminar todo mi ser, de hecho ¡todo el universo!

♦♦♦

Esta experiencia cambió mi relación con ciertas enseñanzas cristianas, tales como la "doctrina" de *creatio ex nihilo*, la creación a partir de la nada.

A la luz del kensho, *creatio ex nihilo* dejó de ser para mi un mero concepto, o doctrina, filosófico o teológico que dice simplemente que "Érase una vez nada, y de la nada vino algo", o alguna otra formulación simplista por el estilo. Comencé a verla como una muy sugerente expresión de un motivo siempre presente de asombro, con cada respiración, cada paso, cada sonrisa... cada hoja, cada flor, cada gota de lluvia, realizada tan literalmente como *nada* sino el don pleno de gracia de un infinito amor divino en su perpetuo fluir.

Dicho de otra forma, todo en el universo entero –hojas, piedras, montañas, seres vivientes de todo tipo– es simple y originalmente *nada*, ni más ni menos que ese regalo dado libremente de una fuente divina, creado de un soplo a cada instante por la palabra, por el *logos*, "a través del cual todas las cosas llegaron a ser, y sin el cual nada hubiese podido llegar a ser" (Juan 1:3). Todo, en su particularidad, guarda una relación de absoluta dependencia con la fuente infinita de todo lo que es. Más aún, nada existe aparte de esta fuente infinita de todo lo que es. En pocas palabras, se trata de la fuente infinita "en que vivimos y nos movemos y tenemos nuestro ser" (Hechos 17:28).

Conforme uno se percata de su propia nada de frente a este Infinito Misterio, uno se abre a una experiencia de la nada propia, que también es una experiencia de la divina presencia que impregna esta nada, más allá del concepto "nada" y del concepto "ser".

Resonancias de este sentimiento se pueden apreciar en la "cuádruple negación" del gran filósofo budista mahayana del siglo II Nagarjuna: "Eso" no es ser, no es no ser, no es ser y no ser, no es ni ser ni no ser. "Verlo" así es ver dentro de la propia naturaleza, dentro de la naturaleza original de uno mismo o, en los términos del *mu* de Chao-chu, la "naturaleza búdica".

En términos cristianos, nuestra naturaleza original podría tal vez denominarse *naturaleza de Cristo*. Un pasaje bíblico de la Epístola a los Efesios lo expresa de esta manera: "Dios nos ha elegido en Cristo, antes de la fundación del mundo, para que fuésemos santos y sin mancha delante de él, en amor" (Efesios 1:4). Así, podemos hablar de la "naturaleza de Cristo" como lo más fundamental de lo que nos constituye, habiéndolo sido desde la fundación del mundo, o incluso desde antes. En los términos de otro koan, la naturaleza de Cristo es "nuestro rostro original, antes del nacimiento de nuestros padres".

Las lucubraciones filosóficas en torno a la *noción* de naturaleza búdica o de rostro original no darían con el sentido, como tampoco las lucubraciones sobre las implicaciones teológicas del "significado" de la naturaleza de Cristo, o de la doctrina de la *creatio ex nihilo*. Se nos invita a dejar de lado nuestros recetarios o menús, y simplemente venir a "probar y ver" por nosotros mismos.

Me acuerdo de una hermana católica que tuvo una profunda experiencia que la llevó hasta el llanto durante un retiro zen. Las palabras que surgieron desde las profundidades hasta sus labios, acompañadas de profusas lágrimas de alegría, fueron: "Yo soy inocente." En verdad, se le había concedido el don de tener un vislumbre de su "naturaleza original", ya que pudo experimentar esta dimensión de lo "santo y sin mancha" en su práctica de sentarse en silencio.

La iluminación zen también cabe describirse como la experiencia de "renunciar al viejo yo" y renacer a una vida enteramente nueva. Para el cristiano, éste es un evento que le permite a uno vivir el misterio pascual de la muerte y resurrección de Cristo (Romanos 6:3-4; Colosenses 2:12; Filipenses 3:10; Pedro 3:18-22) *en este mismo cuerpo*. Vivir en lo nuevo de la vida en Cristo (2 Corintios 5:15, 17) equivale a participar de la vida divina en uno mismo. Desde las profundidades de nuestro ser, uno en verdad exclama con Pablo: "Ya no soy yo el que vive, sino Cristo que vive en mí" (Gálatas 2:20).

Al vivir en esta dimensión uno se da cuenta de lo que es vivir como el "cuerpo de Cristo", al que anima un mismo Aliento, un mismo Espíritu: "Así nosotros, siendo muchos, somos un cuerpo en Cristo, y todos miembros los unos de los otros" (Romanos 12:5). Esta realización tiene tremendas implicaciones en las esferas social, cultural, política y económica de nuestras vidas, pues ahora no hay nadie ni nada que no sea una parte esencial de nuestro propio ser. Al percatarnos de esto descubrimos que, como dijo el moderno sabio Krishnamurti, somos la totalidad de lo que es el mundo; el mundo es la totalidad de lo que somos. Así, de la misma forma en que todo mi cuerpo siente el dolor de mi dedo meñique, no puedo sino sentirme afectado por todo lo que sucede en este mundo nuestro, por todo el dolor, el sufrimiento y el lamento afligido de tantos seres vivientes. Es *mío* su dolor, *mío* su sufrimiento.

La realización de nuestra "naturaleza de Cristo" implica renunciar al "viejo" yo, renunciar a todos nuestro apegos que se centran en el ego, y renacer a una vida nueva "en Cristo".

Este renacer afecta de manera concreta las elecciones que hacemos en nuestra vida, nuestro valores, las preferencias particulares de nuestra existencia en este tiempo y lugar de la historia. Dicho con las palabras de san Ignacio de Loyola, es "ser pobre con Cristo pobre, ser despreciado con Cristo despreciado".

Una apreciación cada vez más profunda de nuestra "naturaleza de Cristo" surge con la contemplación de la vida de Jesús, "en quien la plenitud de Dios se complacía en habitar" (Colosenses 1:19). Cuando contemplamos la vida de Jesús, su experiencia se nos revela de manera corporal. Esta es una modalidad de ejercicio espiritual recomendado por Ignacio en la segunda fase (segunda semana) de sus ejercicios espirituales, después de la primera fase de purificación. Contemplar la vida de Jesús de Nazaret equivale a ver en ésta un evento de revelación divina y un arquetipo y modelo para la vida de uno mismo, en busca de vivir la unión total con Cristo con la totalidad de nuestro ser. Esto significa andar el camino que anduvo Jesús y tomar las mismas decisiones fundamentales que él tomó. También significa vivir la vida de uno mismo como algo abierto al Aliento, proclamando la buena nueva a los pobres, anunciando la liberación de los cautivos, devolviendo la vista a quienes no pueden ver, liberando a los cautivos (Lucas 4:18-19).

La persona que acepta tal naturaleza de Cristo como la suya propia es alguien que coloca su vida junto a Jesús del lado de los pobres, los oprimidos de la tierra en la dimensión concreta de existencia terrena, y proclama el mensaje de liberación y salvación, aceptando las consecuencias de dicho mensaje, como lo hizo Jesús.

De manera que experimentar ser "uno en Cristo" con todos los demás seres incluye no sólo una unicidad en el comer y beber y reír y llorar junto a todos los seres sensibles, sino también la experiencia concreta de la solidaridad con el sufrimiento de los seres vivos en esta existencia histórica. Esta es la solidaridad que Jesús el Cristo asumió en la cruz de cara a los sufrimientos de toda la humanidad.

Contemplar la cruz de Cristo, modalidad de práctica espiritual y de oración cristiana que viene de antiguo, no es una costumbre masoquista o sádica de deleite ante el sufrimiento. Por el contrario, le permite a uno abrirse a una experiencia espiritual de inmersión en el seno de la humanidad sufriente, tal como lo hizo Cristo en la cruz. También es un llamado a contemplar y ver, como algo propio, las formas concretas en que los seres vivos sufren o son condenados a sufrir en nuestros días; ver la pobreza y el hambre, el desvalimiento y la privación, la discriminación y la opresión, las numerosas formas de violencia estructural, física y de otros tipos que profanan este sagrado regalo de vida humana.

El hacerse uno con este sufrimiento y muerte de Cristo en la cruz es también hacerse uno en la renovación de la vida del Resurrecto. Esta solidaridad con el sufrimiento de hombres y mujeres y niños en todo el mundo es una fuente de energía que nos permite entregarnos totalmente a las tareas específicas de liberar a seres en contextos históricos particulares. Así, la contemplación del Resurrecto nos permite ver que todo este sufrimiento *no* es en vano, que no todo termina en derrota y desesperación, sino en glorificación y triunfo. Aquí mismo, en medio de una aparente derrota y desesperación, está la visión de la gloria. Es en la misma cruz donde Jesús le dice al buen ladrón crucificado junto a él:

"De cierto te digo que hoy estarás conmigo en el paraíso" (Lucas 23:43).

Ver dentro de la propia naturaleza es una experiencia del misterio que va más allá de toda anchura y largura y altura y profundidad (Efesios 3:18-19) con un sin fin de tesoros (Colosenses 2:2-3, Romanos 11:33).

♦♦♦

Después de pasar por la barrera sin puerta de la experiencia inicial de iluminación, el practicante zen sigue adelante con la práctica con koanes de la mano de un maestro zen perito en el uso de koanes. Una continuada práctica con koanes le permite a uno seguir sondeando las profundidades y escalando las alturas del mundo de la iluminación, al tiempo que el misterio encarna en nuestro vivir cotidiano concreto. No hay pensamiento, palabra o acción que no se convierta en expresión concreta. Sentarse, caminar, beber té, realizando pequeñas labores, lavarse la cara, mirar las estrellas, hablar con amigos: todo se inunda de *plenitud*, precisamente en tanto uno se *vacía* de uno mismo en cada pensamiento, palabra, acción.

En resumen, la iluminación zen no lo encierra a uno en un mundo de eufórica complacencia y desapego estoico, como algunos imaginarían. El zen no es una práctica espiritual que escude a uno de las realidades del mundo y le proporcione un santuario de paz y seguridad dentro del pequeño yo particular. Por el contrario, la iluminación zen presupone una actitud dispuesta a la inmersión dentro del corazón mismo del mundo, en solidaridad con todas sus alegrías y esperanzas, dolores y sufrimientos, la sangre, el sudor y las lágrimas de todos los seres sensibles... aquí mismo y ahora.

Vacuidad y plenitud

—Dígame, en pocas palabras, ¿qué es para usted el zen?–, me preguntó alguna vez alguien que se enteró de que yo había estado practicando zen. La verdad, la mejor respuesta hubiera sido algo así como "¡Buenas tardes!" o "¿Cómo se encuentra su esposa?" o "Vamos a tomar un café." O incluso, "Ah, bueno..."

Y aunque pudiera no parecerlo, no habría sido sacarle la vuelta a la muy sincera pregunta de mi amigo. Cada una de estas respuestas, en su inmediatez e irreductibilidad, es en sí la manifestación plena de la inagotable realidad que el zen deja abierta a todos. Y sin embargo, tampoco existe palabra que pudiera siquiera *aproximarse* a esta realidad. Las palabras, en su sentido convencional, son sólo *signos* que nunca logran aprehender aquello que intentan transmitir –un hecho que debemos tener presente incluso al seguir las series de palabras contenidas en este libro.

Una vez hecha esta aclaración, me permito aventurar otra respuesta a la pregunta inicial. Una respuesta muy provisional es que, para mí, el zen es, dicho con una sola palabra: *Vaciarse.*

Ahora intentaré desenvolver esta palabra. Pido al lector paciencia al darme a la tarea de lo que en zen es considerado "hablar sucio", es decir, utilizar el lenguaje conceptual en un intento por describir lo que básicamente es imposible reducir a conceptos. La mayoría de las veces, este tipo de lenguaje sólo logra esconder en vez de revelar.

En nuestra vida diaria encontramos que nuestro yo consciente está "lleno" de cosas: memorias de ayer y de antaño, lo mismo amargas que dulces; planes para mañana o para las próximas vacaciones; pensamientos en torno a grandes proyectos y tareas menores; preocupaciones sobre nuestras relaciones familiares, un profesor de escuela exigente, el jefe poco apreciativo de la oficina; preocupaciones sobre si nos va a alcanzar el sueldo. Encima de todo esto, los medios de información nos llenan la mente de imágenes imponentes o triviales: la tasa de criminalidad, la situación económica, el próximo evento deportivo, una película o un libro popular, y cosas por el estilo. Todos estos elementos ocupan nuestra atención y nos jalan en distintas direcciones.

Conforme nuestras mentes conscientes se llenan de tales imágenes –estos inevitables elementos de nuestro mundo cotidiano–, por momentos sentimos algo así como una leve punzada de melancólica sospecha de que vivir nuestras vidas "tan sólo" en este nivel tiene algo de incompleto, superficial, insatisfactorio. Tales sentimientos despiertan en nosotros la débil intuición de que debe haber algo más en la vida que todas estas cosas. Y tales atisbos nos llevan a poner en entredicho la calidad de nuestras vidas en tanto vividas en este nivel de conciencia. Nos permiten formular la pregunta de si no habrá una dimensión más *profunda* dentro de nosotros de la que hasta ahora no nos habíamos dado cuenta, ni mucho menos preocupado.

Tal tipo de interrogantes podrían llevarnos a buscar respuestas en libros de psicología y autoayuda. Y estas respuestas por supuesto pueden ofrecer algunas pistas en torno a nuestras vidas en relación con los demás y a nuestras altas y bajas emocionales, nuestra bien enraizada ansiedad e inseguridad, nuestra necesidad de apoyo afectivo y una adecuada expresión de las emociones. También algunos de estos libros nos hablarán de otro nivel de conciencia a ser explorado, del "inconsciente" en que residen nuestros sueños, nuestras más queridas esperanzas, nuestras reservas y conflictos inexpresados. Posiblemente nos aconsejen sobre cómo superar tales conflictos, cómo resolver las tensiones inconscientes que nos invaden, cómo aceptarnos a nosotros mismos y a los otros, entre otros.

Y así, tanto los niveles consciente como inconsciente de lo que llamamos nuestro "yo" se llenan de cantidad de cosas que dividen nuestra existencia en elementos dispares; pero aun así caemos en la cuenta de que nos hace falta el elemento que integre tales elementos, una totalidad que nos permita experimentar la vida como algo lleno de sentido, valor, alegría, belleza. ¿Adónde iremos a buscar esta totalidad y paz interna que todo nuestro ser anhela, "como el ciervo anhela las corrientes de las aguas" (Salmo 42)?

La tradición budista, a la par que muchas otras tradiciones de sabiduría del mundo, nos dice que lo que estamos buscando no ha de encontrarse fuera de nosotros. Nuestro anhelo no se sacia con la satisfacción de una necesidad material, con esta y otra sensación placentera, con tal o cual idea filosófica, por sublime que sea, o con uno u otro concepto religioso o teológico.

Lo que de veras buscamos en el fondo de nuestros corazones no se puede hallar buscando "afuera". Una línea que cita Wu-men, maestro zen chino del siglo XIII, en su famosa colección de koanes titulada *Wumen-kuan* (La barrera sin puerta), señala que "nada que atraviese la barrera puede ser un genuino tesoro familiar". Así, nada que llegue a nosotros "desde fuera" podrá contarse entre nuestras posesiones más preciadas. Dicho con otras palabras, una reliquia que se atesora y hereda a través de las generaciones es aquello que pasa de mano en mano desde nuestros antiguos ancestros. Y ciertamente, nuestro verdadero tesoro, lo que el Nuevo Testamento llama la "perla de mayor precio" es lo que yace oculto, si bien escondido, en el campo de nuestro mismo ser. Así, se nos llama a desenterrarlo y a llevarlo –a él y a nosotros mismos– a la luz. La totalidad que buscamos viene de este fundamento, es decir, el descubrimiento del tesoro que yace escondido en nosotros; y para llegar a él se requiere que cavemos hasta las profundidades de nuestro propio ser, la única base sólida sobre la cual puede construirse estructura real alguna. Y para hacer esto es necesario que nos abramos paso a través de todas las pseudoestructuras que nos hemos levantado a nosotros mismos, las cuales están construidas sobre arena.

Son estas pseudoestructuras las que nos abruman con esa sensación de cosa hueca y superficial, que nos ponen a disgusto con nosotros mismos. Éste fue uno de los sentimientos que el segundo ancestro del zen chino descubrió en sí mismo al principio de su carrera, lo que lo llevó a buscar la guía y convertirse en discípulo de Bodidarma. Un koan de *La barrera sin puerta* (caso 41) nos narra su búsqueda. El koan inicia así:

—Maestro, mi mente no está en paz. Le suplico que la pacifique.

Bodidarma responde:

—Tráeme tu mente y te la pacificaré.

—He buscado mi mente en todas partes pero no la he podido hallar.

Y Bodidarma responde:

—Ahí está, ya terminé de pacificártela.

La primera petición que hace Bodidarma está dirigida también a cada uno de nosotros: debemos, cada cual con su singular temperamento, buscar con toda seriedad pacificar nuestra mente. ¿Pero qué es lo que vamos a encontrar?

Bodidarma nos invita a mirar dentro, a mirar la mente que no está en paz y a sondearla hasta su origen, sentándonos seriamente en zazen. La práctica de este koan, por tanto, implica esa incansable búsqueda de la propia mente, la raíz misma de nuestras ansiedades, sumergiéndonos en las profundidades de nuestro ser. Dicho de modo sencillo, esto es lo que hacemos al sentarnos en el zen. En el transcurso de esta práctica logramos ver en su justa dimensión aquellas cosas que hemos erróneamente identificado con nosotros mismos y con la imagen que nos hemos formado de nosotros, con nuestra posición social, con los objetos que nos dan seguridad, con nuestras posesiones materiales y hasta espirituales, con nuestros talentos y dones, así como con nuestros defectos y debilidades; todo aquello que se asocia con nuestra "identidad". Podemos también reconocer aquellas cosas que llenan nuestra mente "desde fuera", las que tienden a dividirnos y reagruparnos en elementos dispares. Mediante la meditación sentada podemos ver a través de éstos y darnos cuenta de que nuestro núcleo no está contaminado por "elementos externos". No, el ser verdadero, la mismísima mente que se nos pide que atrapemos, corta a través de estos elementos, uno a uno, hasta llegar al núcleo. Se trata de algo similar al proceso de pelar una cebolla: vamos quitando y dejando a un lado una capa de piel, luego la otra, hasta que llegamos a… ¿qué? Es a un proceso similar al que me refiero cuando hablo sobre zen.

El proceso puede resultar un tanto cansado, ya que nos vemos forzados a confrontar las pseudoestructuras que nos hemos construido y por las cuales hemos ido fortaleciendo nuestro apego. Se nos pide irlas pelando una a una, hasta vaciarnos de ellas. Esto nos dejará con la sensación de no tener nada a qué aferrarnos en tanto vamos eliminando aquellas cosas que nos daban sostén, y gracias a las cuales nos sentíamos seguros. Pero el ser verdadero no es esto. Conforme ahondamos en el proceso, yendo de una negación a la siguiente –"esto no, esto tampoco"–, ¿qué es lo que queda?

En la práctica de koanes tales como el anterior, el maestro zen juega un papel valioso al señalarnos dichas pseudoestructuras al presentarle cosas que hemos equivocadamente identificado con la mente. "No, no es esto. Ve y siéntate por más tiempo." Este proceso toma cantidades de tiempo o de práctica distintas dependiendo de cada individuo. Para algunos tomará sólo unas semanas, para otros requerirá de varios meses. Y aun para otros, puede tomar años y años. Pero sólo después de pasar por dicho proceso estará uno realmente capacitado para captar y hacer suya la verdad contenida en este koan.

El discípulo se acerca a Bodidarma y exclama: "Maestro, he pasado por este proceso de búsqueda de la mente. No se la puede hallar." O en términos más familiares, podríamos decir: "He hecho todo lo posible y no funciona. Estoy exhausto. ¡Me doy por vencido!" Y, alzando las manos, capitulamos.

La respuesta de Bodidarma se convierte entonces en una "palabra pivote", un repentino detonador de una realización nueva. El momento llega en que las palabras de Bodidarma resuenan en nuestras profundidades, y sabemos con precisión a qué se refiere cuando nos interpela, diciendo: "Ahí está, ya pacifiqué tu mente."

El sólo leer el koan e intentar interpretar intelectualmente su contenido, sin haberse sometido a este exigente proceso de búsqueda, de forcejeo y vaciamiento mental, sólo nos aleja del punto al que queremos llegar. Este koan es una invitación que se nos extiende para ingresar en este arduo proceso, en el cual nos aventuramos cada vez que nos sentamos en zazen, cruzando nuestras piernas y enderezando la espalda, regulando nuestra respiración, enfocando nuestra mente al punto de una madura concentración. Se nos pide convertirnos en el discípulo, en seria búsqueda de paz mental, en este infatigable esforzarse por llegar al fondo de esa mente y hacernos de ella, experimentar lo irrealizable. Se nos invita a renunciar a todo, ¡incluso a la misma búsqueda! Es ahí donde nos aguarda la revelación de todo un mundo nuevo, de todo un universo nuevo.

Esta invitación no es menos que la que le hizo Jesús al joven que iba en busca de la vida eterna: "Ve y vende todo lo que tengas, dáselo a los pobres, y ven y sígueme" (Lucas 10:21).

Con estas palabras, Jesús le pide desembarazarse de todas sus posesiones, las más queridas; le pide dejarlas ir e ingresar en un territorio hasta el momento totalmente desconocido para él, a fin de seguir al Hijo del Hombre: un acto de total vaciamiento, prerrequisito para una completa recepción de esa vida eterna que buscaba. Y entrar a este reino es como entrar por el ojo de una aguja, a través del cual todo nuestro exceso de equipaje y apegos, falsas imágenes de uno mismo, presunción, pensamientos discriminativos, etcétera, se reconocen como lo que son en verdad: obstáculos que debemos desechar a fin de alcanzar lo que buscamos.

Sentarse en meditación zen requiere que soltemos nuestras preciadas posesiones, en especial las que se centran en el apego a lo que normalmente denominamos "yo". Se nos pide barrenar todas las capas de éste, llegar a su misma fuente y presentárselo al maestro zen, de modo que nos pacifiquemos. Pero, claro, no es el maestro el que nos pacifica. Antes bien, es el descubrimiento de esa mente inaprensible, o de lo inaprensible de la mente, lo que en sí es fuente de pacificación. O, volviendo a la terminología cristiana: el darse cuenta de esto es la vida eterna.

Pero la vida eterna no es una mera extensión de tiempo sin fin, o siquiera un estado perpetuo de inmortalidad. Es, más bien, una dimensión que corta a través de todos nuestros conceptos de tiempo, de nacimiento y muerte, cambio y decaimiento. Es una dimensión en la que todos nuestros conceptos familiares se desmoronan, ya que todos están limitados por sus opuestos. En este reino, nociones tales como tiempo y eternidad, permanencia y cambio, quietud y movimiento, universalidad y particularidad, pierden su fuerza como pares antitéticos. En este reino, todos los opuestos encuentran su convergencia, su coincidencia, y los conceptos como tales se vacían de contenido y son cancelados por sus opuestos. Y este tipo de coincidencia (¡y no es mera coincidencia!) es en sí mismo, no un concepto, sino un evento, la experiencia de una dimensión que aguarda ser develada conforme nos sometemos al proceso de vaciamiento.

El nuevo mundo al que Jesús invita al joven acaudalado, que es el reino mismo del cielo, sólo es accesible mediante un total auto-vaciamiento, que equivale a decir *darse a sí mismo*, y un confiado abandono de sí. Lo que se requiere de nosotros se asemeja a la confianza mostrada por Pedro cuando éste saltó del bote al agua al llamado de Jesús: es un paso hacia una confiada apertura, como éste que asimismo se nos pide dar, y que tanto anhelamos dar. Lo único que nos hace caer y hundirnos en el agua –como sucedió con Pedro en el momento en que empezó a dudar del poder que lo mantenía a flote (Mateo 14:28-31)– son sólo nuestros titubeos, pensar las cosas dos veces, nuestra disposición intelectual calculadora –todas ellas señales de nuestra falta de confianza.

El reino del cielo que nos aguarda está siempre aquí, frente a nosotros. Quejarse de que no se le puede ver es como quejarse de sed estando en medio del agua, como lo expresa una analogía del maestro zen del siglo XVIII, Hakuin, en su famosa "Canción del zazen". No poder ver el reino es como la afección de un heredero de una familia rica que se pierde y vaga de aquí a allá habiendo olvidado sus raíces familiares.

Las referencias escriturales al reino del cielo son, pues, siempre de un carácter alusivo y elusivo. Nos invitan a descubrir por nosotros mismos la real Presencia. "He aquí que el reino del cielo está entre ustedes. Transformen su mente y corazón,* ¡y acepten la buena nueva!" (Marcos 1:15). Está oculto y, al mismo tiempo, a la vista. No es una idea o un concepto, sino una realidad que aguarda ser asida, sentida, degustada. "Aquellos que tengan ojos para ver, que vean. Aquellos que tengan oídos para oír, que oigan" (Marcos 4:9-12). Pero para lograr esto es necesario despojarse del todo de pensamientos discriminativos que separan al que ve de lo visto y al que oye de lo oído. "Ningún ojo ha visto, ningún oído escuchado, lo que Dios ha preparado para aquellos que aman!" (I Corintios 2:9). Y este total vaciamiento es, por la misma razón, una realización de la plenitud –en términos cristianos, la plenitud de Dios amoroso que permea todo nuestro ser.

Veamos esto desde otra perspectiva. Desde el punto de vista de la *iluminación como proceso*, "vaciar" es una expresión adecuada, que indica movimiento, ingreso en el reino. Desde el punto de vista de la *iluminación como un estado de realización*, el término "vacuidad" es más que acertado. Sin embargo, la desventaja de este último término es que corre el riesgo de tomarse como mera noción filosófica, lo cual nos desvía de la auténtica experiencia zen.

Y en efecto, el término vacuidad, que muchos especialistas consideran la noción central de la filosofía budista, se ha visto acompañado de un amplio conjunto de presupuestos filosóficos-metafísicos con fuertes implicaciones para una perspectiva particular en torno a la totalidad de lo real. Existen muchos estudios penetrantes e intelectualmente estimu-

---

* Traducción mía del griego *metanoiete,* que casi siempre se traduce como "arrepentíos", pero que literalmente significa transformación de la mente y el corazón, dar la espalda al egoísmo, de cara a Dios.

lantes en lenguas occidentales que tratan el tema de la vacuidad (mi predilecto es *Emptiness: A Study in Religious Meaning* de Frederick Streng); sin embargo, al hablar aquí de vacuidad no me refiero a una modalidad del discurso filosófico, sino que utilizo el término como indicador de una experiencia. El maestro zen de mi maestro zen, roshi Yasutani, a menudo citaba un verso alusivo a esta experiencia de la vacuidad: "Un cielo azul claro, y ni un jirón de nube que obstruya el ojo que contempla."

Estos dos puntos de vista del reino (su ingreso en él como movimiento o proceso, y el hecho mismo de su realización) quedan bien representados por las posturas complementarias de dos discípulos del quinto ancestro chino del zen, Hung-jen (601-674). Según dice el relato, el ya anciano Hung-jen le pidió a todos sus discípulos componer una cuarteta que diera cuenta del nivel de iluminación al que habían llegado, a fin de elegir de entre ellos a su sucesor. El más aventajado de sus discípulos, Shen-hsiu (606-706), escribió:

El cuerpo es el árbol del Bodi
La mente el soporte de un reluciente espejo,
Mantén la superficie siempre limpia
Y que nunca acumule ni una mota de polvo.

Cuentan que todos los demás monjes leyeron admirados estas líneas, según ellos bastante expresivas del camino del zen. Por ello, dieron por hecho que a Shen-hsiu se le otorgaría la sucesión como nuevo maestro.

Sin embargo, al leer estos versos, un pinche de cocina, que trabajaba por entonces en el monasterio, garabateó lo siguiente:

No existe tal árbol del Bodi
No hay soporte de reluciente espejo alguno,
Como desde el origen nada es
¿En dónde habría de acumularse el polvo?

Hung-jen se quedó maravillado ante esta expresión, y el pinche de cocina, que había demostrado su nivel de iluminación a través de los versos contenidos en la historia, recibió en secreto el título de sucesor. Éste luego fue conocido como el sexto patriarca chino del zen, Hui-neng (638-713).

Aunque suelen presentarse ambos poemas a manera de contraste para enfatizar el grado de penetración del segundo y mostrar la limitada perspectiva del primero, también se les puede ver como complementarios, lo cual nos da un panorama más amplio del mundo del zen.

El primer poema subraya el proceso mediante el cual se mantiene una vigilante constancia en mantener limpio el espejo de la iluminación, es decir, el proceso de vaciamiento como un evento continuado y siempre en curso. Por otro lado, el segundo poema coloca el énfasis en un estado de vacuidad que es así desde un principio y que mira todo desde este punto de vista –un estado de perfecta serenidad. Aunque cada uno por separado implica al otro, su yuxtaposición como énfasis complementarios sirve para equilibrar los dos elementos de proceso y estado.

Del mismo modo, el reino que se presenta en las escrituras apela a una vigilancia activa, como en la parábola de las diez vírgenes (Mateo 25:1-13). Aquí se les pide a todos que continúen alertas, que se mantengan atentos en todo momento y a poner todo su esfuerzo en seguir vigilantes. Pero el reino también es comparado con alguien que, habiendo plantado una semilla, se echa a dormir: la semilla crece por sí sola, independiente de todo esfuerzo humano (Marcos 4:26-29). Se solicita una vigilancia activa, pero al mismo tiempo se pone igual énfasis en una actitud confiada de dejar que el reino sea tal como es, como los lirios del campo y los pájaros del cielo (Mateo 6:26-28).

En los dos cuartetos anteriores, se compara la mente iluminada con un espejo perfectamente claro. Pero en este ejemplo no hay entidad sustancial alguna a la que se pueda denominar "espejo": sólo hay lo que refleja. Así, la perfecta transparencia del espejo, su total "vacuidad", es precisamente aquello que le da la capacidad de contener en su interior el universo entero. El universo todo está perfectamente contenido en el espejo perfectamente transparente, pues nada se interpone entre las cosas que se reflejan de manera absoluta en él. Dado que está completamente vacío, ¡está completamente lleno! Del mismo modo, la mente completamente iluminada –la persona completamente vacía– contiene al universo en toda su plenitud y totalidad.

Para entender mejor esta equiparación de la persona totalmente vacía con el espejo perfectamente transparente, cabe hacer referencia a las cuatro características de la sabiduría de la mente iluminada, semejante a un espejo, que se enuncian en los textos budistas.

En primer lugar, así como un espejo bien pulido y transparente refleja todo de manera perfecta, la mente iluminada puede, como el espejo, reflejar la totalidad del universo tal y como es. Se le caracteriza como una omniinclusividad que no conoce límites. Todo lo que hay en el universo, en su plenitud y totalidad, se refleja en el espejo de la mente iluminada y totalmente vacía. Nada queda excluido del dominio que le incumbe. De hecho, *sólo* la mente completamente vacía es capaz de comprender, con todos los santos, cuál es la anchura y longitud y altura y profundidad de aquello que rebasa todo conocimiento. Sólo la mente que está completamente vacía puede "llenarse de toda la plenitud divina" (Efesios 3:18-19). En segundo lugar, el espejo perfectamente claro refleja todas las cosas por igual, sin dar preferencia a nada por razón de su apariencia bella en contraposición a otra que no lo parece, o a lo enorme en vez de lo diminuto, o a lo colorido en vez de lo gris. Todas las cosas quedan reflejadas tal como son. Y así también, la persona completamente vacía es capaz de aceptar todas las cosas y las personas tal y como son, de manera igual, sin preferencias ni prejuicios. Una persona tal tampoco tendrá en mayor estima la riqueza que la pobreza, la vistosidad que la sencillez. Él o ella simplemente verán estas cosas por lo que son, como son, sin emitir juicio alguno. En el reino del cielo no hay diferencia entre "griego y judío, circuncidado o no circuncidado, bárbaro o escita, esclavo u hombre libre" (Colosenses 3:11).

En tercer lugar, el espejo refleja, con todo, cada cosa y cada persona en su singularidad, en su particularidad, en su *talidad*. Así, lo repugnante es como tal, repugnante; lo hermoso es como tal, hermoso; lo caliente es caliente; lo frío, frío; lo negro, negro; lo gris, gris. Dicho de otro modo, nada pierde su particularidad e irreemplazable singularidad. En el reino del cielo, aunque haya un solo cuerpo, la cabeza es de todas formas cabeza, el oído es oído, el ojo es ojo: cada uno es singularmente lo que es.

Por último, la mente iluminada, como espejo, refleja al universo de manera justa en toda circunstancia. Las personas totalmente vacías pueden dar de sí de acuerdo con la particular exigencia que una situación dada les presente. Al hambriento le proporcionarán alimento. Al que va desnudo le ofrecerán ropa. Al enfermo o abandonado o abatido, le darán alivio, solaz, compañía, esperanza. En resumen, las personas iluminadas están completamente disponibles y son capaces de responder a cada situación, capaces de ser "todas las cosas para todos", a la manera de Pablo: "Me he hecho a los judíos como judío; a los que están sujetos a la ley, como sujeto a la ley; a los que están sin ley, como si yo estuviera sin ley... a todos me he hecho de todo" (I Corintios 9:19-22). Una disponibilidad universal semejante, la capacidad de ser todas las cosas para todos, sólo es posible para las personas totalmente vacías, que se ofrecen totalmente sin el más mínimo rastro de egoísmo o motivación utilitaria. Una persona tal será para los otros lo que éstos necesiten que él o ella sea.

Omniinclusividad, aceptación de todo en igualdad de términos, reconocimiento de cada cosa en su singularidad, y disponibilidad universal y responsabilidad de acuerdo con las necesidades de cada cual: éstas son las cuatro características de la sabiduría de la mente iluminada semejante a un espejo. Éste es el estado interior de una persona que ha experimentado un vaciamiento total. Dicho estado, por una parte, manifiesta una total transparencia, perfecta serenidad. Por el otro, manifiesta la actividad dinámica de todo lo que se refleja en él, esa interminable actividad que supone nacer, envejecer y morir.

Es ésta la experiencia que ofrece el zen. Por lo que hay un malentendido cuando se considera al zen una práctica individualista, autocomplaciente, o una especie de espiritualidad solipsística. Tal tipo de malentendido se genera con relativa facilidad, incluso entre los mismos practicantes del zen, si se separan del resto del mundo y de los apremiantes problemas que lo aquejan. Pero ése es un tipo de lujo espiritual en el que no es posible solazarse viviendo en un mundo como el nuestro, lleno de violencia generalizada, que enfrenta tremendas crisis socioeconómicas y ecológicas; en una sociedad humana que continúa perpetrando numerosas injusticias de todo tipo. Todo esto nos llama a una urgente y seria vigilancia y a una participación activa a fin de mejorar la situación. No podemos retirarnos a un refugio de serenidad y aislamiento, en alguna remota sala de meditación donde los gritos del mundo han sido atenuados por el ir y venir de nuestra mente simiesca, por el sonido de nuestra respiración, por la repetitiva recitación de *mu*. El zen no se reduce a esto.

Por el contrario, la práctica del zen da concreción a una actitud al mismo tiempo atenta y sensible a los dolores del mundo, alienta al practicante a zambullirse en la tarea de transformar el mundo a fin de dar alivio al dolor y al sufrimiento. Éste es un budismo socialmente comprometido con el mundo, una espiritualidad participativa y apasionada.

Si el practicante del zen se aísla durante una temporada con el objetivo de sentarse en silencio y encontrar la serenidad, lo hace para buscar su Ser Verdadero, descubierto el cual queda al desnudo el verdadero y más profundo vínculo que une a esta persona con la sociedad, con el mercado, con el universo entero.

Antes me referí al proceso de dejar ir nuestros apegos, las imágenes falsas de nosotros mismos, los prejuicios y los pensamientos discriminativos, y alcanzar ese estado de "cielo claro, y ni un jirón de nube que obstruya el ojo que contempla", que es central al zen. Bajo este cielo azul claro todo entra perfectamente en foco: la belleza de una rosa, el perfume del jazmín, el sabor de la avena, así como el dolor en nuestra pierna, el ruido del taxi que acelera, la tierra del camino. Pero también: los refugiados, los prisioneros políticos, los niños que mueren de hambre. Aquí el Ser Verdadero de cada cual pasa al frente, en y a través de estas cosas que constituyen la trama y urdimbre de nuestra existencia diaria. No es algo desemejante de estas realidades mundanas. Uno puede reconocer su Ser Verdadero en la voz del vendedor ambulante, en el desamparado que busca una limosna en las banquetas de la ciudad, en los indocumentados que nos proveen de sus servicios y que sin embargo son consignados a trabajar por una pitanza; pero también en el ejecutivo atrapado en la competencia feroz del mundo corporativo, sin tiempo para mirarse a sí mismo o a sí misma y preguntarse de qué se trata todo esto. Y en este reconocimiento del Ser Verdadero de uno mismo acaba uno por identificar como propias tanto las alegrías como el dolor del mundo.

Quien se ha vaciado totalmente en el zen se encuentra a sí mismo o a sí misma en todo, literalmente, y es capaz de identificarse plenamente con todo, de ser todo, y por lo mismo de actuar en total libertad, de acuerdo con lo que exija la situación del momento. Tal persona ha dejado de sentirse separado por la ilusoria barrera que suele establecerse entre uno y el "otro". Uno logra ver su Ser Verdadero en el "otro", y el "otro" en el Ser Verdadero de uno.

Así pues, el pasajero aislamiento que elegimos al sentarnos en un cuarto o sala de meditación silencioso al final da lugar a una re-conexión. La práctica sentada nos abre al descubrimiento de nuestra íntima relación con todo ser viviente, no como un principio abstracto o un concepto filosófico, sino como un evento concreto y experiencial que se descubre en cada movimiento, cada mirada, cada palabra, cada roce. Si nos decidimos por este tipo de periodo de aislamiento para meditar o practicar el zen, lo hacemos para ver a través de nosotros mismos, vaciarnos de todo lo que sirve de obstáculo a esta realización, a saber, la de nuestra unicidad y solidaridad con todo lo que es. Llevar a cumplimiento este total vaciamiento es arribar a la realización de la infinita plenitud en la que somos uno con el universo entero.

Mi maestro, roshi Yamada, acostumbraba expresar esta infinita plenitud del vaciamiento con una fracción que tiene al cero como común denominador, como en el caso de 1/0, 2/0 o 1 000/0. El numerador, en su singular particularidad como suma dada, no es otra cosa sino tú y yo, este árbol o aquel gato, esta montaña, aquel río, cada cosa concreta contenida en el mundo fenoménico. El denominador expresa el mundo dentro del cual se realiza la vacuidad, el Ser Verdadero alcanzado en el acto de total auto-vaciamiento. Podríamos preguntar cuántas veces puede dividirse uno por cero, y la respuesta sería: "no puede suceder". Aunque, por otro lado, alguien podría contestar: "un número infinito de veces". Así, 1/0 equivale a infinito, lo mismo que 2/0 o 1 000/0 o 1 000 000/0. Este punto cero se capta en la singular particularidad de cada numerador, de cada fenómeno, de cada ser. Y desde el punto de vista de este *infinito concreto* (un absurdo conceptual), todo lo dicho anteriormente acerca del espejo comienza a adquirir sentido.

Y aquí volvemos a la *creatio ex nihilo*, la "creación a partir de la nada". En vez de tomarla como una doctrina filosófica, la podríamos entender como una invitación a experimentar la nada que yace en el corazón mismo de nuestro ser, que se convierte en el fulcro para experimentar la vida infinita de Dios que pulsa a través de este ser, a través del universo, de instante en instante.

Esta experiencia del infinito que hay en nosotros, que es también nuestra experiencia de la ausencia de las cosas, nos impele hacia la concreta singularidad que constituye nuestro ser, colocando de nuevo nuestros pies en la tierra, o mejor, nuestro trasero en el cojín de meditación, y de ahí a hacer concreto nuestro levantarnos y caminar, reír y llorar, comer y beber, trabajar y jugar. Cada uno de estos actos es una manifestación completa y perfecta del Infinito.

Por ende, la "realidad última" alcanzada en el zen no es nada que se encuentre separado de todas y cada una de las cosas que hacemos, o somos, en nuestra vida diaria, en lo concreto. Esto queda bien ilustrado en el koan en que un monje se acerca a Chao-chou (el famoso monje del koan *mu*) y le dice: "Acabo de ingresar al monasterio. Por favor, instrúyame sobre la esencia del zen." A lo cual Chao-chou responde: "¿Ya tomaste tu desayuno?" El monje responde: "Sí, ya lo hice." Entonces Chao-chou le dice: "Si es así, ve a lavar tus cazos." Y con esto, el monje repentinamente penetra en la esencia del zen (*Wumen-kuan*, caso 7).

La "penetración" lograda por el monje, en este caso, no refleja algún tipo de compleja verdad filosófica acerca del zen, o alguna profunda doctrina zen que eche luz sobre el "sentido" de las palabras de Chao-chou. No se trata de otra cosa sino de este hecho concreto de tomar el desayuno y lavar los platos.

El poema de Wu-men sobre la naturaleza de dicha penetración, dice:

Puesto que es algo tan evidentemente claro
Más tardamos en llegar a su realización.
Si en un instante sabes que la luz de la vela es fuego
Hace tiempo la comida se coció.

Y en verdad *es* evidentemente claro, más claro que el cielo azul. Sin embargo –y siguiendo con el uso de palabras "sucias" que sólo enturbian el asunto–, el descubrimiento de que el ser verdadero es uno con el universo entero es llenarse. O, dicho de nuevo, es vaciarse de tales ideas de realización y ser, y universo, y simplemente ser uno mismo, el verdadero ser de uno mismo, en la diaria tarea de vivir, levantarse, tomar el desayuno, lavarse, ir al trabajo, cansarse, reposar un poco, reunirse con los amigos, decir adiós, enfermarse, envejecer y morir. Pero esta no es una concepción acerca del levantarse, tomar el desayuno, lavarse, etcétera, sino *sólo eso*: hacer, repleto de una plenitud que no excluye nada, una *totalidad* dentro de la cual el ser entero de uno está presente en el acto de levantarse, o tomar el desayuno, lavarse, o lo que sea. Cada actividad o pasividad es, al estar completamente vacía, la plena y perfecta manifestación del ser verdadero.

Así, el fruto último del zen no es nada más, ni nada menos, que llegar a ser en verdad lo que uno es: verdaderamente humano, total, en paz, en unidad con todo, y sin embargo vaciado de todo. Tal objetivo último está al alcance de todos; el reino de Dios está a la mano, entre nosotros. "Aquellos que tengan ojos para ver, que vean." Pero para poder ver se requiere un cambio total de mentalidad, una *me-*

tanoia (Marcos 1:15), ese total vaciamiento de yo que permite su verdadera plenitud a la luz de la gracia de Dios. El famoso dicho del maestro Dogen sobre el camino de la iluminación apunta a esta misma experiencia: "Realizar el camino de la iluminación es realizar el verdadero ser de uno. Realizar el verdadero ser de uno es olvidarse de uno mismo. Olvidarse de uno mismo es que todas las cosas del universo nos iluminen."

La gran muerte del yo es el nacimiento a la novedad de la vida, en la que nacimiento y muerte no son más: "No habrá más llanto ni lamentación ni dolor, pues las primeras cosas pasaron" (Apocalipsis 21:4). ¿Y qué queda? "Un cielo nuevo y una tierra nueva" (Apocalipsis 21:1), transparentes en el claro cielo azul, donde todo está "lleno de la plenitud de Dios" (Efesios 3:19). Pero éstas son meras palabras, címbalos que golpean, huecos, a no ser que uno se resuelva a hollar realmente, corporalmente, esa senda experiencial de total auto-vaciamiento en que se encuentra dicha plenitud. El zen abre este camino de experiencia a todo aquel que lo desee caminar.

El Sutra del Corazón
sobre la sabiduría que libera

Las salas y templos zen de Japón a menudo resuenan con el canto del Sutra del Corazón, un bien conocido pasaje de las escrituras budistas que se ha tenido en muy alta estima a lo largo de los siglos y se considera una expresión sucinta de la esencia de la iluminación. Sin embargo, no debe olvidarse que el zen no depende de la expresión verbal o conceptual para la transmisión de la sabiduría viva de la iluminación. Las palabras y los conceptos, en el zen, son como un dedo que señala la luna. Sería en verdad un desatino si nos viéramos tan embelesados con un dedo –contemplándolo, analizándolo desde distintos ángulos, comparándolo con otros dedos– que pasáramos por alto a la luna misma en todo su brillante resplandor. Veamos pues el Sutra del Corazón como un dedo que señala a la luna. Miren, ¡qué radiante!

El "corazón" al que alude el sutra es el del Gran Asunto: *prajna-paramita*, que yo libremente traduzco como "sabiduría que libera". *Paramita* quiere decir "lo más elevado, perfecto, supremo." También quiere decir "ido más allá (a la otra orilla)", "trascendente", lo que caracteriza la sabiduría (*prajna*) de quien se ha liberado de "esta orilla", de este mundo de conflicto y sufrimiento. Sin embargo, debe subrayarse que esta sabiduría liberadora *no hace que uno deje de pertenecer a este mundo de sufrimiento y conflicto*. No por haber "alcanzado" dicha sabiduría deja uno de ser un humano como cualquier otro, que debe enfrentar las tareas ordinarias (o extraordinarias) que conforman el sino de la humanidad.

Antes bien, la persona que ha llegado a esta sabiduría liberadora encuentra perfecta paz y libertad en el corazón mismo de esta vida. Lo cual no significa que se solace en medio del sufrimiento y el conflicto, ni que simplemente adopte una actitud de pasividad que simplemente tolera su existencia, sin hacer nada por prevenirlos. La sabiduría que libera le permite al iluminado trascender todos los opuestos, tales como los de sufrimiento-bienestar, conflicto-armonía, bien-mal, vida-muerte, este mundo-el mundo del más allá. La sabiduría liberadora acepta por completo cada situación y cada momento en su eterna plenitud –sea en la enfermedad o la salud, en la riqueza o la pobreza, en el éxito o en el fracaso, en la vida o en la muerte–, y con ello supera dichos opuestos. Es una libertad perfecta en una perfecta aceptación.

La sabiduría que libera nos pone en paz con el universo entero, nos unifica con todo lo que es; nos hace verdaderamente libres, verdaderamente felices y verdaderamente humanos. Es la fuente de una genuina compasión, mediante la cual el corazón abarca todo, donde uno se ve unificado con todos los seres humanos, compartiendo sus alegrías y sufrimientos, sus luchas y esperanzas. Esta sabiduría se encuentra latente en cada uno de nosotros; despertarla nos permite realizar nuestra vida en su infinita plenitud, en cada una de sus particularidades: al levantarnos en la mañana, tomar el desayuno, ir al trabajo, descansar, conversar con los amigos, enjugarnos el sudor, reír, llorar, sentarnos, pararnos y dormir. En esta sabiduría uno es perfectamente libre, siendo perfectamente lo que uno es, tal y como es.

Ahora echemos un vistazo a la explicación que el Sutra del Corazón brinda en torno a esta sabiduría.

> El bodisatva Avalokiteshvara, inmerso en la práctica del profundo prajna-paramita, percibió la vacuidad de las cinco condiciones de la existencia, y quedó libre de todo sufrimiento. Oh, Sariputra, la forma no es más que vacuidad, la vacuidad no es más que forma. La forma es precisamente vacuidad, la vacuidad es precisamente forma. Lo mismo se dice de la sensación, la percepción, los impulsos y la conciencia. Oh, Sariputra, todas las cosas son manifestaciones de la vacuidad. Nadie nace, nadie muere. Nada es impuro, nada puro. Nada aumenta, nada decrece.
>
> Así, oh Sariputra, en la vacuidad no hay forma, sensación, percepción, impulsos o conciencia. No hay ojo, oído, nariz, lengua, cuerpo, mente. No hay color, sonido, olor, sabor, tacto, pensamiento. No hay dominio de la visión, etcétera, hasta llegar al no dominio de la conciencia. No hay ignorancia, ni fin de la ignorancia. No hay vejez y muerte, ni fin de la vejez y la muerte. No hay sufrimiento, ni causa ni fin del sufrimiento, ni camino al fin del sufrimiento. No hay sabiduría, no hay realización. No hay realización. Así viven los bodisatvas este prajna-paramita, libre su mente de obstáculos. No hay obstáculos, y por tanto no hay temor.
>
> Más allá de todo engaño, el nirvana ya está aquí. Todos los budas del pasado, presente y futuro viven este prajna-paramita y alcanzan la suprema y perfecta iluminación. Así, sabe que este prajna-paramita es el sagrado mantra, el mantra luminoso, el supremo mantra, el incomparable mantra mediante el cual todo sufrimiento queda despejado. Éste no es otra cosa sino la verdad. Abre este mantra del prajna-paramita y proclama: gaté, gaté, paragaté, parasamgaté, bodhi svaha. Sutra del Corazón de la Perfección de la Sabiduría.

El bodisatva Avalokisteshvara

El sutra inicia con el bodisatva Avalokisteshvara (Kuan-yin en chino) inmerso en la práctica del profundo *prajna-para-*

mita, quien a continuación describe lo que él(ella) (pues este ser es a menudo andrógino) percibe en tal práctica.

En primer lugar, el término *bodisatva* (literalmente, "ser en busca de la sabiduría") se refiere a aquel que está en búsqueda activa de esta sabiduría que libera. Se le aplicó originalmente al mismo Gautama, el buda histórico, y se refería a él en los primeros seis años de su búsqueda religiosa y disciplina antes de alcanzar la suprema iluminación. Al emprender esta búsqueda, dejó atrás una vida de bienestar y seguridad en el palacio real y se sumergió directamente en el misterio del sufrimiento humano.

Más adelante, el término fue adoptando otros matices, uno de los más prominentes de los cuales fue el del buscador de la sabiduría que, en la última etapa del camino, y justo antes de ingresar al nirvana, elige permanecer "aquí" por un tiempo con el fin de ayudar y servir de guía a otros seres para que alcancen su propia liberación. El nombre Avalokisteshvara significa aquel que percibe (escucha y ve) de manera abierta los gritos de dolor de todos los seres vivientes. En su versión japonesa, éste es Kanzeon o Kannon, figura que pasó a adoptar la forma femenina de una diosa que escucha los gritos de angustia de todos los seres sufrientes. Se le representa con mil manos y once caras, lo que indica su habilidad para ver en todas las direcciones, remontar todas las distancias y prestar cualquier tipo de apoyo que pudiera requerir todo ser sufriente.

Así, esta buena disposición a escuchar los lamentos de dolor de los otros y a tender la mano en dirección suya deberá asimismo entenderse como la actitud interior de todo aquel que busca la sabiduría. Tal actitud interior se hace más explícita en los cuatro votos del bodisatva, los cuales también se recitan de manera regular en las salas de meditación zen tanto de Japón como de otros lados:

> *Los seres sensibles son innumerables: prometo liberarlos.*
> *Los engaños son interminables: prometo darles término.*
> *Las puertas de la verdad son incontables: prometo franquearlas.*
> *La senda de la iluminación es insuperable: prometo hacerla mía.*

Mediante estos votos, el bodisatva abraza al mundo entero, abre su corazón a todos lo seres, se pone a su servicio y se dispone a acometer lo imposible y alcanzar lo inalcanzable. Con lo cual queda claro que la búsqueda de la auténtica sabiduría no implica algún tipo de disciplina religiosa centrada en sí misma mediante la cual uno deja los asuntos personales cerrados al mundo y a otras personas para vivir una vida de aislamiento, en busca de la tranquilidad y evitando todo contacto con un mundo y una humanidad problemáticos. Uno se sienta en zazen no como individuo aislado, sino como alguien que carga con el peso de todo el universo, como alguien que ha tomado entre sus brazos a todos los seres vivientes.

Un ejemplo interesante de un bodisatva lo encarna Kenji Miyazawa (1896-1933), un budista devoto que pasó la última parte de su corta vida viviendo y trabajando con campesinos pobres en el norte de Japón. Su actitud interior queda resumida en un breve poema suyo titulado "*Ame ni mo Makezu*" (Imperturbable bajo la lluvia), parte del cual dice así:

Si en el este hubiera un niño enfermo,
apresúrate a su lecho, dale atención.
Si en el oeste hubiera una madre cansada,
ve y ayúdale a cargar su bulto de grano.
Si en el sur un hombre a punto de morir yaciera,
ve y consuélalo, diciendo: "No temas."
Si en el norte se desatara una disputa,
ve y di: "Déjense ya de necedades."

Estas palabras revelan la buena disposición a prestar ayuda donde se le requiera, como las manos de Kannon, listas para tenderse hacia todo aquel que requiera ayuda.

Otro ejemplo de incansable búsqueda espiritual aunada a una perfecta apertura a servir a los demás, es la vida de Simone Weil. Sus diarios y cuadernos personales, publicados póstumamente, nos revelan un corazón tan grande como el universo, al haber hecho ella propios los sufrimientos de todos los desdichados del mundo, al haber vivido en su propio cuerpo el dolor de todos los afligidos.

Al bodisatva se lo aprecia en contraste con la persona complaciente e irreflexiva que vive indiferentemente su vida en pos de la gratificación de sus sentidos y deseos egoístas. El bodisatva ha entrevisto ya la futilidad y vacuidad de los afanes egoístas y ha comenzado a buscar algo más hondo, más duradero, "un tesoro que no se pudra y al que ningún ladrón pueda llegar" (*cf.* Lucas 12:33). Y el bodisatva descubre que es precisamente al entregarse uno mismo al servicio de los otros cuando logra manifestarse este tesoro que cada cual busca en lo profundo de su corazón.

De nuevo, la verdadera búsqueda de la sabiduría que libera no es por el camino del abandono, en el que uno le vuelve la espalda al mundo real, al mundo de conflicto y sufrimiento, sino por el camino de la *aceptación*, que lanza al que busca justo al corazón de ese mundo, a fin de conquistarlo. En términos cristianos, el camino real al reino del cielo es "el camino de la cruz", en el que uno sigue a Jesús en su actitud de abrazar la realidad del sufrimiento humano, y al hacer lo cual se logra la salvación del universo. El hecho de que el Sutra del Corazón presente al bodisatva Avalokiteshvara como el realizador de la sabiduría liberadora, como el modelo para todo buscador de la verdad, es, en este respecto, altamente significativo. El que busca debe convertirse en el mismísimo Avalokiteshvara, el que escucha los lamentos de dolor de todos los seres vivientes. Así es como se abre el camino de la realización de la sabiduría que libera.

La percepción de la vacuidad

El bodisatva Avalokiteshvara, inmerso en la práctica del profundo prajna-paramita, percibió la vacuidad de las cinco condiciones de la existencia.

En el marco conceptual del budismo, la existencia humana se analiza a partir de un conjunto de cinco componentes, a saber: *1*) materia o sustancia física, o "forma", *2*) sensación, *3*) percepción, *4*) impulsos, o nuestras reacciones a los estímulos, y *5*) conciencia. No nos fatigaremos con una exposición detallada de tales categorías; sólo nos limitaremos a reformular el enunciado del Sutra del Corazón: todo lo que consideramos constitutivo de nuestra existencia (sea como sea que se conciba la naturaleza de los elementos, después de un análisis detallado) está "vacío".

Nuestra primera tentación es irnos a lo profundo en una interpretación filosófica de esta formulación, que es, en efecto, determinante para una correcta comprensión del núcleo de la doctrina del budismo mahayana. Sin embargo, no nos interesa una mera apreciación intelectual de la doctrina budista, sino, sobre todo, la viva realización de la sabiduría, la cual arrojará luz sobre el problema de nuestra propia existencia. Ahora bien, el que se nos diga que lo que constituye fundamentalmente nuestra existencia está "vacío" nos quita todo apoyo y pone de cabeza nuestras nociones más familiares sobre la sustancialidad de esta existencia. En pocas palabras, esta afirmación del Sutra del Corazón presenta un reto a nuestro sentido común y a nuestra manera normal de pensar las cosas, e introduce una contradicción a todos nuestros supuestos, como una afilada espada que se clava directamente en el corazón, abriéndose paso entre nuestros más preciados conceptos. Se nos afirma que cualquier cosa que consideramos "sustancial" está, de hecho, "vacía", es decir, "desprovista de sustancia".

Una proposición en verdad desconcertante: "*A* no es *A*". Lo cual no deja de parecerse al famoso koan *mu* en el que, a la pregunta "¿Tiene un perro naturaleza búdica?", Chao-chou responde: "¡*Mu*!" Y ahora el maestro le pregunta al practicante: "¿Qué es *mu*? ¡Muéstrame *mu*!" Cuando el practicante acude con una respuesta, y luego otra y otra, se le dice, una y otra vez: "¡No, esto no!" Después de un tiempo, agotadas ya todas las respuestas concebibles, el practicante queda acorralado. Su pensamiento conceptual hace un alto total, y se ve enfrentado a una pared en blanco. Es sólo en este alto total, en este *punto cero* del pensamiento conceptual, donde estalla el poder liberador de *mu*, que desencadena la energía del universo entero, re-creando todo de nuevo.

Y es sólo a partir de este punto cero que uno puede captar, en toda su amplitud, el sentido del término "vacuidad", esto es, después de que uno ha pasado en verdad por el proceso que lleva a experimentarla. De ahí que no tenga caso extendernos con alguna teoría del "significado de la vacuidad" y cosas por el estilo, ya que esto sólo terminará en un callejón sin salida. El que busca deberá ahora dirigirse hacia ese alto total y "vaciarse" de todo lo que se interponga en su camino. ¿Cómo se logra esto?

La manera de hacerlo consiste, como antes dije, en despojarse de todo. A continuación, el Sutra del Corazón nos ofrece una señal adicional: nos conmina a desechar la visión de nuestra existencia como algo "sustancial", es decir, el apego a lo que podríamos denominar "yo fenoménico" o "ego", la raíz de todo egoísmo y avaricia y envidia y lujuria y demás. Es este apego el que pone en conflicto a un hombre con otro, el que aísla a un hombre de los otros, de la naturaleza, de su ser verdadero. Esto es lo que debe vaciarse.

Es mi apego a este yo fenoménico el que me hace querer este automóvil, esta casa, más dinero, la admiración de los otros, el poder para influir sobre la vida de los demás, un nombre que quede grabado en la historia. Mi persecución de estas cosas me pone en conflicto con otros que también quieren lo mismo. Aquí tenemos a Juan y a Pedro, los cuales quieren un pedazo de pastel cada vez más grande para sí. Ambos se ven enfrentados el uno con el otro: Juan toma la porción de Pedro; éste se desquita mediante la violencia física, el otro responde, etcétera: el mundo de la oposición y el conflicto y la mutua explotación entre los seres humanos, cuando los intereses de uno se enfrentan con los de los demás. A escala global tenemos un grupo étnico en oposición a otro, una nación opuesta a otra, un país rico que explota al país pobre, las naciones pobres que buscan sacar ventaja unas de otras, todo lo cual resulta en resentimiento mutuo y, a menudo, en violencia física y guerra. Visto desde una perspectiva amplia, tal es el panorama de conflicto generalizado que presenta el mundo actual, y esto no es más que el resultado de ese apego al yo fenoménico tan profundamente enraizado en cada individuo.

La comprensión correcta de lo que el Sutra del Corazón quiere decir con "vacuidad" implica, por tanto, soltar este yo fenoménico o ego, un total vaciamiento, que significa nada menos que un completo abandono de nuestras más preciadas posesiones; algo así como el llamado escuchado por el joven rico que andaba en busca de la vida eterna:

> A punto de emprender Jesús su camino, llegó a él un hombre que le preguntó: "Buen maestro, ¿qué debo hacer para alcanzar la vida eterna?"... "Ya conoces los mandamientos: no matar, no cometer adulterio, no robar, no dar falso testimonio, no defraudar a otros, honrar a tu padre y a tu madre." Y el hombre le respondió: "Maestro, he cumplido con todos ellos desde mi juventud." Y mirándolo, Jesús lo amó y le dijo: "Sólo una cosa te falta. Ve y vende lo que posees, dáselo a los pobres, y tendrás tesoro en el cielo. Y ven y sígueme." Pero con esto la cara del hombre se ensombreció y, triste, se retiró. Pues muchas eran sus posesiones. (Marcos 10:17-23)

Así que la afirmación central del Sutra del Corazón según la cual "las cinco condiciones de la existencia están vacías" es la *negación* fundamental no sólo de todo nuestro aparato conceptual –estemos de acuerdo o no con el marco conceptual budista–, sino de toda nuestra existencia ego-céntrica. Esta negación es, pues, una invitación a que nos despojemos de esa forma de existencia. Es un llamado a salir de una vida autocomplaciente, irreflexiva, ocupada sólo en la satisfacción de los sentidos y en la gratificación de los deseos egoístas, para vivir otra al servicio de dicha sabiduría liberadora que abre nuestro corazón a los otros; un llamado a hollar el camino del bodisatva. Una vida centrada en uno mismo, vivida a la búsqueda de la satisfacción de los deseos del ego fenoménico, sólo puede terminar en frustración y futilidad. Una vida tal es como una edificación construida en arena, una estructura destinada, desde un principio, a desmoronarse.

¿Dónde habremos de encontrar el basamento sólido para el nuevo edificio? ¿Dónde encontraremos la fuente de ese tesoro duradero, el centro del que emana esa sabiduría que libera? Está en el arribo experiencial al *punto cero* antes mencionado, mediante el cual uno en efecto capta que *todo es vacuidad y vacuidad es todo*. Un cielo azul claro sin un jirón de nube que obstruya el ojo que contempla.

Al vivir esta experiencia, uno se abre a un mundo enteramente nuevo y, sin embargo, nada del viejo ha cambiado: las montañas son altas, los valles bajos, las rosas rojas. Pero, repito, todo esto se ve bajo una luz completamente nueva: cada una de estas particularidades es una manifestación completa y perfecta de ese mundo de la vacuidad, con cada acción y pasión repletas de plenitud propia, cada instante una eternidad.

Dicho punto cero de la experiencia es el fulcro en el que se basa la sabiduría liberadora de la que nos habla el Sutra del Corazón. Y en este punto todos los opuestos se reconcilian, conforme el universo de los conceptos da lugar al universo de la experiencia viva.

La negación de los conceptos, invitación a la experiencia directa

Oh, Sariputra, todas las cosas son manifestaciones de la vacuidad. Nadie nace, nadie muere. Nada es impuro, nada puro. Nada aumenta, nada decrece.

Aquí nos vemos enfrentados a contradicciones de orden más conceptual, y saber que nos dicta nuestro sentido común acerca de las cosas se verá necesariamente hecho añicos. Por ejemplo, ¿cómo habremos de reconciliar estas negaciones con hechos cotidianos como el que nazcan bebés, que la gente muera, que las cosas se ensucien y limpien, que la población mundial aumente mientras las reservas de alimento decrecen, etcétera, etcétera?

He aquí el secreto: *simplemente no hay forma de reconciliar en nuestras cabezas estas contradicciones.* Se trata simplemente de que, si se logra ver todo *tal y como es*, sin ningún concepto de "originación" o "aniquilación", de "impureza" o "aumento", entonces en verdad veremos que no hay originación ni aniquilación, pureza o impureza, incremento o decremento. Un bebé nace y grita: "¡Buaaa!" *Así nadamás.* Un buen amigo de repente muere. *Así nadamás.* ¡Uf!, el coche que acaba de pasar me salpicó de lodo mi camisa y pantalones blancos. *Así nadamás.* ¡Ah!, una sola enjabonada trae de nuevo la blancura. *Así nadamás.*

Ahora sí contamos con una pista para esta nueva serie de negaciones con las que nos enfrenta el Sutra del Corazón.

Los cinco elementos constituyentes de la existencia (ya mencionados) quedan negados. Lo mismo los órganos del sentido, con sus respectivos campos-objeto, así como las diversas sensaciones que resultan de su funcionamiento. Y así también se niegan los doce vínculos de la cadena de la causación, comenzando con la "ignorancia" y terminando con "la vejez y la muerte", junto con las mismas Cuatro Nobles Verdades, y finalmente el mismísimo hecho de la iluminación. Es decir, se niegan todas las enseñanzas básicas del budismo.

Esto podría parecer blasfemia pura contra el budismo, al negar tajantemente lo que ha sido tradicionalmente reverenciado como la enseñanza del Buda. Sería equivalente a que un cristiano negara punto por punto el credo apostólico. Lo cual me recuerda otra "blasfemia", a menudo mencionada en el zen, por la cual se le conmina a uno: "Si te encuentras con el Buda, ¡mátalo!" Así, uno se sentiría tentado a decirle a los cristianos: "Si se encuentran con Cristo, ¡crucifíquenlo!"

Tal tipo de peticiones parecerán desconcertantes, hasta escandalosas, pero lo son de manera deliberada y tienen un propósito, pues las "doctrinas" y las "imágenes sagradas" pueden convertirse en tan sólo un conjunto más de estorbos que le impiden a uno la realización directa de lo que aquéllas originalmente intentaban expresar.

La misma religión budista comenzó con una poderosa experiencia religiosa, la decisiva experiencia de iluminación de Gautama, que alteró radicalmente toda su persona y su perspectiva. Fue una experiencia dinámica que siguió inspirando toda su vida y que afectó a aquellos que entraron en contacto con él directa o indirectamente. Las doctrinas budistas se formularon principalmente a manera de intentos por verbalizar, conceptualizar y sistematizar dicha experiencia (¡fútil empresa desde un principio!) con el fin de transmitirla a otros (¡cosa imposible!). Pero el dominio de la enseñanza verbal, conceptual y sistematizada no necesariamente va de la mano de la comprensión del punto medular que es la experiencia de dicha iluminación, la fuente de la sabiduría que libera. Por el contrario, tal verbalización, conceptualización y sistematización puede a menudo convertirse en un verdadero obstáculo a que esta sabiduría liberadora se haga manifiesta.

Ha sido frecuente la comparación de las doctrinas budistas con una balsa: aunque muy útil para transportarnos en el agua, seguir cargando con ella después de llegar a tierra sería arrastrar con una carga inservible. Pero aquí, en el Sutra del Corazón, la balsa es abandonada a mitad del trayecto. Sólo así se puede descubrir que lo que uno está buscando, a lo que a uno ha estado apuntando desde el principio, está aquí mismo, ¡en medio de la corriente!

Así, la petición de matar al Buda si uno se lo encuentra en el camino es un mandato a desechar todas nuestras imágenes mentales del Buda, así como deshacernos de las distinciones entre un "buda" y un "no buda" o "ser humano común y corriente". Eliminada de esta forma la imagen, la verdadera cosa se hace manifiesta. En ese momento uno puede ver todo con los ojos del mismo Buda, con el ojo de la no discriminación que ha trascendido tales distinciones.

La petición paralela al cristiano de que "crucifique a Cristo" tal vez tiene un tono distinto, pero la intención es la mismo: hacer a un lado todas nuestras piadosas imágenes de Cristo y, así, "ponerlo en su sitio", es decir, en la cruz, en donde se hace uno con todos los seres que sufren, donde se reduce a nada, en un acto de total vaciamiento (*kenosis*). "Cristo Jesús, quien, teniendo la forma de Dios, no estaba aferrado a esta igualdad con Dios, sino que se vació de sí mismo y tomó la forma de un siervo, hecho a la imagen de los hombres. Y ya en forma humana, se humilló, haciéndose obediente hasta la muerte, incluso hasta la muerte en una cruz" (Filipenses 2:7-9). Es este total vaciamiento en la cruz lo que conduce al súbito ingreso de una nueva vida de resurrección y el desbordamiento del aliento de Dios que marcó la salvación del universo entero. Y para el cristiano, éste no es sólo un evento pasado que le aconteció hace unos dos mil años a un galileo itinerante, sino una realidad presente aquí y ahora. El fundamento de la vida cristiana es esta cruz y resurrección, total auto-vaciamiento y total novedad de vida. Nuestra intención aquí no es llegar a una afirmación teológica, sino prestar oído a una invitación a una experiencia directa de una realidad presente. "Ya no soy yo el que vive, sino Cristo en mí" (Gálatas 2:20). Aquí está Cristo crucificado y resurrecto en la novedad de la vida, pleno de poder y autoridad en el universo entero.

La negación de las doctrinas y los conceptos no es ni agnosticismo ni irresponsabilidad intelectual y anarquía, sino una invitación a vivir la realidad que subyace en las doctrinas y los conceptos.

Por dar otro ejemplo, la negación de la existencia de Dios ha sido casi siempre interpretada como la aceptación de una visión atea del mundo. Pero esto no es más que suplantar aquélla por una *doctrina* opuesta: la de la no existencia de Dios. La sabiduría liberadora rechazaría ambas y, en su lugar, invitaría a experimentar la realidad de "Dios" tal como se manifiesta en cada momento presente. Es una invitación a ver todo en los ojos de Dios, tal y como es: blasfemia de blasfemias y, sin embargo, maravilla de maravillas: "¡Todo está lleno de la plenitud de Dios!" (Efesios 3:19). Y sin embargo, no debe confundirse esto con panteísmo, la doctrina que todo *equivalente* a Dios. No estamos hablando aquí de doctrinas, sino simplemente de una invitación a escuchar con los oídos y ver con los ojos del corazón. "Bienaventurados los puros de corazón, pues ellos verán a Dios" (Mateo 5:8). Ésta es la visión accesible sólo desde la perspectiva de la sabiduría que libera. ¡Un cielo azul claro, sin un jirón de nube que obstruya el ojo que contempla!

La verdad del sufrimiento

Entre las doctrinas budistas que el Sutra del Corazón niega, están las Cuatro Nobles Verdades: la verdad del sufrimiento y sus concomitantes verdades: la causa del sufrimiento, el fin del sufrimiento y el camino al fin del sufrimiento. La verdad del sufrimiento expresa un elemento fundamental de nuestra existencia humana, y el que se lo niegue en el Sutra del Corazón de nuevo nos coloca contra la pared.

Gautama se embarcó en su viaje religioso en busca de la clave al misterio del sufrimiento humano. Jesús coronó su corta carrera en la tierra con la total aceptación de un intenso sufrimiento y una muerte ignominiosa en la cruz. El sufrimiento, en sus diversos grados, es un hecho patente con el que nos topamos día a día en nuestra vida. Basta una mirada pasajera a los medios de comunicación, o una vaga noción acerca de la situación actual del mundo, para vernos cara a cara con este hecho. Cientos de miles de personas en todo el mundo viven en el límite de la inanición y bajo amenaza constante de muerte. Incontables refugiados han sido desplazados de los lugares que podrían llamar su hogar debido a factores socioeconómicos y políticos, entre otros. En Asia, África y Latinoamérica, millones han sido despojados hasta de las cosas más básicas para la supervivencia debido a estructuras sociales flagrantemente injustas. Los obreros de distintos países se ven continuamente vejados por condiciones de trabajo opresivas y prácticas laborales desleales, tratados como meros instrumentos para obtener ganancias en vez de como seres humanos. Innumerables individuos y grupos alrededor del mundo son objeto de discriminación o persecución debido a su raza, religión, color de piel, género, convicciones políticas, etcétera. Es una lista en verdad interminable.

El presupuesto subyacente en todo esto es que el sufrimiento es un elemento indeseable que la humanidad se esfuerza por erradicar de su existencia con todos los medios a su alcance, y que la representación de una existencia ideal sería una libre de tal sufrimiento. De ahí que nos inclinemos a distinguir entre este mundo de dolor, "valle de lágrimas", y el "otro mundo", la "otra orilla" , donde todo este tipo de sufrimientos llega a su fin, donde todo es bienaventuranza, trátese del nirvana del budismo, del cielo del cristianismo o alguna otra variedad de utopía terrena. El logro de tal estado es la perpetua esperanza del corazón humano.

¿Cómo debemos entender, entonces, la negación de la verdad del sufrimiento en el Sutra del Corazón, que dice: "No hay sufrimiento, ni causa ni fin del sufrimiento, ni camino al fin del sufrimiento." ¿Qué puede significar esto para un padre de una familia de ocho cuyo jacal ha sido demolido por soldados del gobierno para abrir paso a la construcción de un hotel y un centro turístico? ¿O para una joven pareja que se entera por boca del médico que su hijo de menos de un año se está muriendo debido a una enfermedad de la piel agravada por la desnutrición? ¿O para un preso político al que los militares someten a interrogatorio y maltrato físico, y al que se priva de sueño, alimento y agua?

El vislumbre de una respuesta a esto me llegó hace años durante una reunión con un grupo de campesinos y sus familias en un barrio del norte de las Filipinas, durante el periodo de su historia bajo la dictadura de Marcos. Unas semanas antes de esta reunión, diez de sus compañeros fueron aprehendidos por soldados y, después de ser maltratados y torturados, se les envió a casa; a excepción de tres, cuyos cuerpos, quemados hasta el hueso, fueron hallados en una fosa común de un cementerio vecino. Ahora los familiares de los difuntos y algunos amigos compasivos se reunían para informar sobre el curso que tomaban las cosas y deliberar entre ellos sobre las medidas que había que tomar. Al parecer, el hostigamiento por parte de los militares continuaría, ya que vendrían, completamente armados, a las casas de los campesinos, en busca de ciertos miembros de la familia que, a su vez, se verían obligados a esconderse. Mientras tanto, los soldados se aprovechan de todo lo que encuentran a su alcance: gallinas, ganado, etcétera.

Sería demasiado complicado describir en detalle el trasfondo de la situación, pero baste decir que este grupo de campesinos y sus familiares estaban siendo conducidos hasta la orilla de un precipicio. ¿Debían delatar a los miembros de sus familias a los que buscaban las autoridades? Algunos de éstos eran niñas adolescentes, cuyo destino a manos de los militares muy bien podía imaginarse. La gente sabía que, si se seguía negando a hablar y mantenía ocultos a sus familiares, no tendría fin este hostigamiento. Por otro lado, si esta situación se prolongaba, no podrían regresar a trabajar su tierra y verían amenazada su fuente misma de subsistencia. En pocas palabras, dadas las alternativas, no parecía haber salida alguna. Estaban enfrentados a un koan viviente, un koan con todo el peso de la vida y la muerte.

Este koan viviente fue precisamente lo que los llevó hasta el *punto cero*. Lo que sucedió en aquella reunión a la que tuve el privilegio de asistir fue una experiencia comunal del *punto cero*. Sus vidas habían sido vaciadas de toda posible esperanza humana, y ya no tenían nada, literalmente, que perder. Y fue en medio de esta situación, vaciados ya de todo, que todos sintieron una nueva libertad, una luz nueva. Uno de ellos me lo expresó de la siguiente manera: "Dios está con nosotros. ¡No hay nada que temer!" Y esta expresión, proferida ahí mismo, no era de simple "esperanza" o "fe", sino una *realidad vivida* que se traslucía en la serenidad de sus rostros, en la ligereza de corazón y el sentimiento de libertad que sobrevino en ese mismo momento. "Dios está con nosotros. ¡No hay nada que temer!"

Mi descripción no le hace justicia a la experiencia real de la reunión, de un grupo de hombres y mujeres colocados en el corazón mismo de la angustia física y psicológica y la persecución, enfrentados a dilemas básicos de los que no hay escapatoria concebible. Estos hombres se aceptaban a sí mismos y aceptaban la situación, tal como eran, y experimentaron algo que los liberó de semejante sufrimiento *mientras se hallaban inmersos en él*: una experiencia humana de algo cercano a la alegría, libertad y paz puras, de frente a sus contrarios. *El punto cero.*

No sé qué pasó después con los miembros del grupo. A algunos los habrá aprehendido la milicia, e incluso dado muerte. No sé qué les reservaba el futuro a aquellas personas que estuvieron con nosotros ese día. Lo único cierto es que, sucediera lo que sucediera, las palabras que surgieron de esta experiencia comunal del *punto cero* siguen resonando en mi ser como expresión cabal de una realidad siempre presente: "Dios está con nosotros. ¡No hay nada que temer!"

No hay por qué empantanarse tratando de "analizar" o interpretar estas palabras, buscando definiciones, desafiando el significado de los términos empleados, como, por ejemplo, "Dios" –término ciertamente problemático desde diversos ángulos. (Pero vea el capítulo "Experiencia zen del misterio triuno", en el que se intenta abordar esta cuestión.) Para los habitantes del barrio surgió de manera espontánea desde una honda convicción cristiana compartida por los miembros de aquel grupo. Se nos invita a simplemente abrir nuestro ojo interior para ver lo que ellos "vieron" desde dentro, desde el *punto cero*. Es desde este mismo *punto cero* que el Sutra del Corazón exclama: "No hay sufrimiento, ni causa ni fin del sufrimiento, ni camino al fin del sufrimiento."

NO HAY SABIDURÍA, NO HAY REALIZACIÓN

Hay otra afirmación desconcertante en el Sutra del Corazón que parece echar por tierra todo aquello que el mismo sutra representa: "No hay sabiduría, no hay realización." De nuevo nos vemos colocados en una aparente autocontradicción, después de todas estas líneas sobre la sabiduría liberadora y los caminos para su realización.

Sin embargo, debemos recordar que estas palabras han sido proferidas desde el punto de visca de la propia sabiduría, que brilla con un esplendor tan pleno como la luz del mediodía. En un día despejado y brillante, la pura luz blanca del sol ilumina todas las cosas tal como son. Es la pura luz blanca que permite que todo se vea sin revelarse ella misma a la visión. De la misma manera, la sabiduría liberadora, que ilumina todas las cosas y permite que todo sea visto tal y como es, permanece, no obstante, fuera del campo de nuestra visión: ¡no es consciente de su propia existencia!

Esto es lo que contribuye a la libertad total y desapego de la sabiduría liberadora. Ésta hace patente su nula conciencia de sí misma, la cual daría pie a una oposición entre ella como "sabia" y otra cosa como "tonta". La indiferencia y total falta de conciencia de sí es lo que hace que la persona que ha madurado en la sabiduría liberadora sea difícil de identificar en una muchedumbre. No hay un brillo o una luminosidad especial, ningún elemento deslumbrante que pudiera llamar la atención.

En el zen, el que arriba a cierta experiencia de iluminación ve por primera vez un mundo completamente nuevo, y durante un tiempo permanece bajo el influjo de la novedad, la maravilla, el esplendor de esta nueva perspectiva. En esta etapa inmediatamente posterior a la experiencia a menudo a menudo se prolonga un cierto rebrillo, una cierta conciencia que acompaña las poderosas emociones que la experiencia pudo haber suscitado. Un dejo de apego a la experiencia se advierte todavía, lo que es comprensible pues se trata de algo muy íntimo, muy valioso, algo que definitivamente ha afectado por completo nuestra perspectiva del mundo y el universo. Pero si este estado de ánimo se sale de control, fácilmente se cae en lo que suele llamarse "enfermedad del zen", un entusiasmo exagerado con expresiones y parafernalia tipo zen, aunado a una desmedida propensión a traer el zen a colación en pláticas normales, a veces sin venir a cuento, y un exagerado celo por "convertir" a otros a su práctica. O peor aún, se sucumbe a la tentación del orgullo, porque uno ha tenido una experiencia que otros no, y de maneras poco sutiles se comienza a hacer alarde del hecho.

Sin embargo, este tipo de escollos es desconocido para una sabiduría liberadora genuinamente madura. Es tarea de la práctica posterior a la iluminación ir borrando, por medio de koanes diseñados para tal propósito, este resplandor residual, barrer con este apego egocéntrico a la experiencia. El objetivo es permitir que el practicante sea de nuevo él mismo, la persona de siempre, y que reaccione normalmente frente a todas las cosas: buscar comida cuando tenga hambre, descansar cuando esté fatigado, calentarse cuando haga frío, sentir indignación ante la injusticia y compasión ante el sufrimiento de los otros. Y sin embargo, con una diferencia. En cada uno de estos eventos y encuentros de la vida diaria, está en paz con su ser verdadero, es uno con el universo entero. Cada evento, cada encuentro ocupa su ser entero, y aun así queda una infinidad que dar. Cada momento es una completa realización del ser verdadero en cada situación concreta. Pero en esto no hay necesidad de pensar dos veces y decir: "En esta acción yo soy uno con el universo." Uno simplemente lo es, y punto.

De la misma manera en que la sabiduría liberadora es indiferente para consigo misma, lo mismo puede decirse de la auténtica compasión, que brota de ella y que se caracteriza por ser completamente desprendida de sí. La persona verdaderamente compasiva, de manera espontánea se hace uno con el que sufre. No tiene que detenerse y decir: "¡Ah, qué pena!", como desde el punto de vista de alguien que se encuentra fuera de la esfera del sufrimiento. Uno puede espontáneamente hacer suyo ese dolor y de esta manera responder, como corresponde, desde *dentro* del dolor mismo. Una madre que está cuidando a su hijo enfermo no tiene que decir: "Ah, pobre niño", pues el dolor de su hijo es el suyo propio, y tal vez incluso lo sienta ella de manera más aguda; y sin embargo, mientras cuida del pequeño en su enfermedad, se muestra totalmente indiferente a su propio malestar.

Así, la verdadera compasión no cuenta sus "méritos" ni se vuelve autocomplaciente por haber realizado "una buena obra". Por ejemplo, en el Nuevo Testamento, cuando a uno que tiene dos abrigos se le pide que le dé uno de ellos a quien no tiene, éste no tendría ningún motivo para decir: "Ah, hice una buena obra al regalar ese otro abrigo. ¡Espero por lo menos un poco de agradecimiento por parte de ese pobre infeliz!" Pues uno simplemente ha hecho lo que era más natural dada la situación, así como el agua fluye desde arriba hacia abajo sin el más mínimo sentimiento de condescendencia. En la auténtica compasión basada en la sabiduría liberadora, la mano izquierda no sabe lo que hace la derecha (Mateo 6:3).

En este punto me viene a la mente el cuento de dos monjes zen, uno joven y el otro de edad más avanzada, que viajaban en un tren lleno de pasajeros camino a Kamakura después de haber hecho una diligencia en Tokio. El monje joven se afanaba en mantener una postura acorde con su papel de monje, correcto y cauteloso ante la mirada de los demás pasajeros. El más viejo, en cambio, se veía cansado y cabeceaba de sueño, de pie y sostenido a la correa de cuero para mantenerse en equilibrio. Cuando llegaron a la estación, el joven reprendió suavemente al más viejo por haber dejado ver a la gente a un monje aparentemente lento y perezoso. A esto, el viejo monje simplemente respondió: "¡Estaba cansado y con sueño!"

Si se nos pide "traducir" las palabras del viejo monje que le dan sentido al cuento, su significado sería el siguiente: "Tu apego reside en tu preocupación sobre cómo te ven los otros. Sé naturalmente tú mismo, ya te encuentres solo o acompañado. Cuando estás cansado y con sueño, ¡estás cansado y con sueño!"

Sólo cuando se está firmemente enraizado en la sabiduría liberadora es posible decir verdadera y libremente: "No hay sabiduría." Desde este mismo punto de vista también se puede decir: "No hay realización." Pues, ¿qué queda por realizarse para aquel que mora en lo más alto de la realización? O, visto desde otro ángulo, la sabiduría liberadora simplemente se hace presente conforme se disipan las nubes del engaño que impiden el paso de la pura luz blanca. Esto no es realización, sino sencillamente el arribo a algo que ha estado ahí desde el principio. Y al irse despejando o adelgazando las nubes de la ilusión causada por nuestro modo de pensar egocéntrico, el que busca se ve liberado de todo impedimento mental y, por ende, de todo miedo y ansiedad. Habiéndose sacudido de todos los apegos generados por la ilusión, ni él ni ella tienen nada más que perder, nada más que ganar. *¡Uno es simplemente como es!* ¡Qué tranquilidad, qué libertad, qué arrebatadora alegría! Esto es el nirvana, la iluminación suprema (*anuttara-samyak-sambodhi*) que habitan todos los budas del pasado, presente y futuro.

El Sutra del Corazón como mantra

Las últimas líneas del sutra ponderan su gloria como un gran, luminoso, insuperable y supremo mantra, y terminan con la fórmula del mismo en sánscrito. El término mantra significaba originalmente una frase o fórmula que debía tenerse presente en la mente y recitarse regularmente con el fin de enfocar en un punto específico la mente del practicante. Más tarde adquirió el sentido de fórmula dotada de un poder dinámico capaz de dar lugar a la unión del recitante con el poder del universo entero. De este modo, se cree que el solo acto de recitar el Sutra del Corazón basta para que se logre la realización. Algo parecido sucede con los sacramentos cristianos, que tienen, para el creyente, el poder de propiciar, con su sola realización, lo que se busca, es decir, la unión con Dios.

A la luz de lo antes dicho, visto que la exposición a la sabiduría liberadora es en cierto sentido el contenido y fin último del Sutra del Corazón, tal creencia no está del todo desprovista de fundamento. El sutra mismo, como se mencionó en un principio, es como el dedo que nos señala la luna, que brilla con todo su esplendor en una noche despejada. Así que la recitación sincera del Sutra del Corazón podría servir como la chispa necesaria para desencadenar la experiencia de la iluminación. Aunque, claro, a pesar de lo que parecen decirnos las últimas líneas del sutra, no tiene que ser necesariamente el Sutra del Corazón. Podría tratarse del sonido de un gong, el tic-tac del reloj, un estornudo, la sonrisa de un amigo. Una gota de rocío, un murmullo, una suave brisa. Mira, ¡qué radiante!

Cada día es un buen día

El sexto caso de la colección de koanes conocida como el *Pi-yen-lu* o *Registro de la Roca Azul* comienza con una pregunta formulada por el maestro Yun-men: "No te estoy preguntando sobre los anteriores quince días. Ahora dime algo sobre estos últimos quince días."

Antes que nada, el koan está haciendo una referencia concreta a la luna creciente (los primeros quince días) y a la luna menguante (los últimos quince días). El punto de quiebre aquí es el de la luna llena o de la experiencia de *kensho* o autorrealización. Así, los "anteriores quince días" se refieren al periodo previo a la iluminación, un periodo de búsqueda, indagación, escudriñamiento y *mu*, en el que uno aplica un esfuerzo total para permitir al ser verdadero manifestarse plenamente.

Los "últimos quince días" comienzan con –y presuponen– la experiencia de la iluminación. Dicha experiencia es el descubrimiento de que nuestro ser verdadero forma una unidad con todo, que no es diferente de todas y cada una de las particularidades contenidas en el universo entero. Esta es la experiencia de la "luna llena" de nuestra vida. En efecto, en esta experiencia repleta de alegría y paz y satisfacción interior, uno ve el significado *concreto* de su existencia, no como idea intelectual sino como *hecho* empírico. Con esto uno llega a sentirse perfectamente en paz y en casa con uno mismo y el universo, y está satisfecho incluso ante la perspectiva de la muerte. Para la persona iluminada, y sólo para ella, cada día es, en efecto, un buen día. El sentido del koan reside en poder mostrar nuestra realización de este "buen día". "Ahora despides a tu siervo en paz, porque mis ojos han visto tu salvación." Las palabras del profeta Simeón, en Lucas 2:29-32, reflejan este tipo de júbilo y sentimiento de realización por haber arribado a algo que uno ha esperado y ansiado durante un periodo largo y difícil. Me acuerdo de otras palabras que de alguna manera se han hecho parte de mí: "Y ahora mi alegría se ha cumplido" (Juan 3:30).

Esta experiencia de la "luna llena", si bien varía de acuerdo con el individuo, está tan cargada de matices fuertes y sutiles que puede tomar tiempo para que el brillo y el lustre se suavicen. Un paso mal dado nos puede llevar a lo que comúnmente se denomina "enfermedad del zen", en la que uno sigue hablando de esta experiencia fuera de contexto o salpicando términos o frases del zen en conversaciones cualquiera, aun cuando no vienen a cuento. Se corre el riesgo de transformarse en un verdadero maniático del zen y de tratar luego de convertir a medio mundo a esta "tan maravillosa" práctica. Y aunque dicha experiencia hubiera en efecto hecho milagros para el practicante, para un observador común y corriente, o para la infortunada víctima de una perorata zen, aquélla tal vez no representaría más que un exotismo. Habría que recordar que el término latino *luna* dio lugar a la palabra lunático.

Sin embargo, a sólo un cabello de distancia está la senda más saludable del zen, la cual exige mayor práctica y concentración en la talla y pulimento de las partes toscas. La ejercitación con koanes posterior al *kensho* es, por tanto, un elemento vital que a veces marca la diferencia entre una mente zen sana y una patológica.

Si volvemos a la analogía de la luna, veremos que los últimos quince días se dirigen a un retorno a la total oscuridad de una "luna nueva". Es un periodo para despojarse del apego a la experiencia del *kensho* como tal, y que culmina con el punto en que el brillo y el lustre de la misma desaparecen del todo. Aquí uno está completamente perdido en la oscuridad, es decir, en la desnuda realidad de esta existencia cotidiana concreta. Y por supuesto, ahora hay una gran diferencia, una diferencia crucial, respecto de la anterior experiencia de la luna llena. Ahora uno se siente en paz, en casa consigo mismo y con el universo entero, ya sin preocuparse por perpetuar el nombre, o el honor, o las riquezas, o la imagen que se tiene de uno mismo. Uno simplemente está ahí, de cuerpo entero, en cada respiración, cada estornudo, cada paso, cada suceso, cada encuentro.

Es sobre estos "últimos quince días" que el maestro Yun-men está inquiriendo. Y él mismo se contesta su propia pregunta.

Es fácil confundirse con esta respuesta y pensar que el maestro Yun-men quiere decir que las cosas resultan bien cada día. Pero no nos dejemos engañar aquí con las palabras. El maestro Yun-men está hablando desde las profundidades del mundo de la vacuidad, *de profundis*, desde lo hondo, y no sobre meros eventos fenoménicos.

Un lenguaje similar se advierte en el Libro del Génesis, cuando Dios crea las aguas y la tierra, las plantas, los animales y la raza humana: Dios miró todo el universo de su creación, cada cosa que había en él, y vio que *era muy bueno*. Una absoluta e incondicional afirmación de todas y cada una de las cosas, tal y como son.

Pero repito, esta expresión no tiene que ver con eventos fenoménicos, o con lo bueno o lo malo de las cosas en el mundo fenoménico. Es esta dicotomía en las palabras lo que nos conduce a preguntas como: si Dios creó todas las cosas y vio que estaban muy bien, ¿cómo es que hay tanto mal en el mundo? Hay bebés inocentes que mueren de enfermedad e inanición, gente inocente que es ejecutada o sujeta a hostigamiento militar, una pequeña elite social que se enriquece a expensas de la pobreza creciente de las multitudes. Y más cosas por el estilo. Es verdad, vivimos en un mundo lleno de contradicciones, lleno de maldad y sufrimiento e injusticia. ¿Está cerrando el maestro Yun-men sus ojos a estas realidades?

No, *de ningún modo*. Si uno trabajara sobre este koan en la sala de *dokusan* y presentara una situación en la que cada día hace buen tiempo, las cosas marchan bien, mejora el negocio, todo mundo está contento, etcétera, seguramente sería rechazado y enviado de vuelta a mirar el mundo *real*, para presentar una respuesta basada en *eso*.

Para lograr pronunciar las palabras "cada día es un buen día" desde el verdadero punto de vista de la iluminación, uno debe tener una firme comprensión del mundo tal y como es, y no algún mundo utópico de la imaginación en el que nunca llueve y sólo brilla el sol, como en el sur de California.

Echemos un crudo vistazo a este mundo nuestro y así apreciar la verdadera dimensión de las palabras del maestro Yun-men.

Recientemente recibí noticias sobre un antiguo compañero de colegio que había muerto en un tiroteo con militares en un área rural de Filipinas. Él había estado en la "clandestinidad" durante muchos años y había perdido toda esperanza en un cambio por medios convencionales, legales y políticos. Recuerdo cómo en los viejos días universitarios él había sido un activo líder estudiantil, lleno de esperanzas, lleno de preocupación por su país y su gente. Fue un final trágico para alguien que había dado su vida por los filipinos tal y como su conciencia se lo había dictado.

Pero no ha sido el único. Incontables hombres y mujeres pierden la vida en forma similar en todo el mundo, al denunciar las injusticias que se llevan a cabo en nuestra sociedad, en este mundo nuestro de hoy. Muchos de aquellos que se han resuelto a actuar contra el orden establecido en sus sociedades, cuya preocupación central es servir a sus semejantes y aliviar su sufrimiento, defendiendo sus derechos y ayudándolos a exigir el trato justo a que tienen derecho como seres humanos, son tachados de subversivos o terroristas, y han sido, a la fecha, o bien arrestados o sujetos a hostigamiento continuo.

En el momento presente, de los seis mil millones de habitantes de nuestro planeta, más de 900 millones están viviendo en situaciones de absoluta miseria e inanición, y se encuentran al borde de la muerte. Se calcula que, en este planeta nuestro, cada minuto 27 personas mueren por causas relacionadas con la falta de alimento. En el mismo momento en que esto se está leyendo, tales muertes están ocurriendo, una tras otra, en distintos puntos de la tierra. Un sinnúmero de personas serán privados de sus derechos fundamentales a la vida debido a una situación de injusticia y a una distribución desigual de los recursos y medios de producción mundiales.

Otra realidad inminente que ha despertado alarma en la humanidad es la ininterrumpida destrucción de nuestro medio ambiente. Los recursos naturales de la tierra están siendo consumidos a raíz de una explotación descontrolada e irracional, una explotación para sostener los lujosos hábitos de consumo de aquellos que tienen dinero y poder a expensas de los que no. Un indicador de la situación es que para el año 2020 prácticamente todo recurso de bosque pluvial disponible en el Tercer Mundo habrá sido consumido si la tala y destrucción continúan al ritmo presente. Se estima que sólo en Asia el área boscosa se reduce en una proporción de 1 800 000 hectáreas al año. Y esto sin hablar de la destrucción del ambiente debida a otras causas, tales como la contaminación por proyectos industriales a gran escala o por radiación de origen nuclear, todos los cuales se multiplican a escala global.

Y aun otro motivo de preocupación es, claro está, la militarización del planeta. Seguimos creando y almacenando armas de destrucción masiva. Se siguen fabricando armas para ser vendidas a regímenes autoritarios y represores para mantener a raya las crecientes protestas de la gente.

Tales son las contradicciones que presenta el mundo real de ahora. Esta situación nos recuerda la parábola de la casa en llamas de un famoso texto mahayana, el Sutra del Loto. El Buda, que aparece como el padre compasivo de todos los seres vivientes, ve la situación del mundo y la compara con una casa cuyas paredes y postes están ardiendo y a punto de venirse abajo. Sus hijos no se dan cuenta de este hecho y continúan retozando y jugando dentro de la casa, ignorantes de la destrucción que se avecina.

Éste es el mundo real que se nos pide que veamos a la cara antes de intentar desentrañar el koan del maestro Yun-men.

Pero hay una pista para este koan que nos ofrece un caso de la *Colección de koanes posteriores al kensho*, que habla de una piedra en el fondo del mar de Ise:

> *En el mar de Ise, a diez mil pies de profundidad, yace una sola piedra.*
> *Mi deseo es recoger esa piedra pero sin mojar mis manos.*

No quiero entretenerme aquí con una explicación de este koan (vean el capítulo "Experiencia zen del misterio triuno", donde se trata con mayor detalle lo que dice este koan), sino simplemente mencionar la parte siguiente del koan, que nos dice que *esa* misteriosa piedra "no puede mojarse" pero "tampoco puede secarse". Estas dos características aparentemente contradictorias de *esa* piedra, que podríamos llamar la piedra de nuestro ser verdadero, nos proporcionan una pista para captar el "todo día es un buen día" del maestro Yunmen. "No puede mojarse" significa que no hay oposición en absoluto en este mundo, no hay objeto que se moje o sujeto a mojarse, ni viceversa. No hay polaridad entre sujeto y objeto, entre nacer y morir, felicidad y pesar, bien y mal. "Tampoco puede secarse" significa que las lágrimas de la compasión fluyen continuamente en este mundo concreto donde los seres vivientes se encuentran en un estado de sufrimiento. Y ambas características de esta "misteriosa piedra" describen la situación tal y como se ve desde el punto de vista del mundo de la vacuidad misma.

Me vienen a la memoria las palabras de un sabio de la India que dijo: "Lo que tú eres, eso es el mundo." Y a esto debemos añadir: "Lo que el mundo es, eso eres tú." Lo cual equivale a ver las cosas de modo tal que la oposición entre nosotros y el "mundo" queda disuelta. El "mundo" es "lo que nosotros somos." El mundo no es algo que esté afuera de nosotros, algo que vemos como meros espectadores y del que lamentamos sus males y pesares. No, lo que le sucede al mundo como tal es lo que le sucede a nuestro propio ser verdadero. La enfermedad del mundo es nuestra propia enfermedad. Ésta es la enfermedad del bodisatva; es una enfermedad que es también la esperanza y la salvación de todos los seres vivientes. En términos cristianos, es la realidad de la cruz de Cristo, el portador de los sufrimientos del mundo.

Sólo aquel que ha vivido esta dimensión, como uno con todos los crucificados del mundo, puede decir sinceramente con el maestro Yun-men: "Cada día es un buen día."

La canción del zazen

Todos los seres sensibles son budas desde el origen.
Como en el caso del agua y el hielo,
No hay hielo sin agua,
No hay budas aparte de los seres sensibles.
Ignorantes de que la verdad está tan cerca de ellos,
Los seres la buscan lejos, ¡ay!
Es como si alguien, en medio del agua,
Se quejara de sed.
Es como un hijo de familia rica
Que se pierde en un poblado pobre.
La razón de que los seres transmigren a través de los seis reinos
Es que están perdidos en la oscuridad de la ignorancia.
Vagando así, de oscuridad en oscuridad,
¿Cómo se van a liberar del ciclo de nacimiento y muerte?
En cuanto al samadhi zen del Gran Vehículo,
No existe alabanza que abarque sus tesoros.
Los seis caminos de la perfección, que incluyen el dar,
Vivir una vida recta y otras buenas acciones,
Entonar el nombre de Buda, arrepentirse, y demás,
Provienen del mérito de sentarse en zazen.
La virtud de una sola sentada en zazen
Borra cualquier error pasado.
¿Dónde están, pues, los caminos del mal que nos desvían?

La Tierra Pura no debe estar lejos.
Aquellos que, aun sólo una vez, en humildad escuchan
Esta verdad, la exaltan y a ella se adhieren fielmente,
Serán retribuidos con incontables méritos.
Pero si vuelves tu mirada al interior
Y das fe de la verdad de la naturaleza básica,
La naturaleza de sí mismo que es no naturaleza,
Habrás ido más allá de la mera sofistería.
La puerta de la unidad causa-y-efecto se abre de par en par.
La senda de la no dualidad, de la no triplicidad, se extiende recta frente a ti,
La forma sólo forma de la no forma,
El ir y el retornar están ahí justo en el punto en que te encuentras.
El pensamiento no más que pensamiento del no pensamiento.
Cantar y bailar son la misma voz del darma.
Qué interminable y libre es el cielo del samadhi.
Qué refrescante brillo el de la luna de la cuádruple sabiduría.
En este momento, ¿qué es lo que buscas?
El nirvana está ante ti.
La Tierra Pura está justo aquí ahora.
Este cuerpo es el cuerpo de Buda.

Hakuin, *Zazen Wasan* o "CANCIÓN DEL ZAZEN"

Hakuin Ekaku (1685-1768) fue un sacerdote zen que vivió durante la era Tokugawa (premoderna) de Japón. Se le considera una de las grandes figuras del budismo japonés y el "segundo fundador" del zen Rinzai de ese país, ya que sentó las bases para una renovación de dicha escuela en un momento en que ésta pasaba por un periodo de decadencia. Durante la vida de Hakuin, la escuela Rinzai del zen se debilitaba por causa de sectarismos y pequeñas rivalidades intestinas. En este contexto, Hakuin se convirtió en una viva manifestación de la vida zen; así, logró infundirle nuevo vigor gracias a su poderosa presencia y enseñanza, la cual emanaba de una profunda realización.

Desde muy temprano en su vida, Hakuin padeció las duras realidades de la existencia, y a los quince años de edad ingresó a un monasterio. Una experiencia de iluminación puede sobrevenir por diversas causas. Se cuenta que para Shakyamuni fue el titilar de la estrella de la mañana lo que dio paso a esa experiencia que revolucionó su universo, y el nuestro. En el caso de Hakuin, fue el sonido de una campana del templo. A los 22 años de edad arribó a una profunda experiencia de realización. Se dice que había permanecido sentado toda la noche, y que en el momento en que escuchó el sonido de la campana del templo encontró la liberación de todos los problemas con que hasta el momento se había debatido.

A los 33 años de edad, Hakuin regresó a su pueblo y se convirtió en cuidador del templo de su padre. En aquel momento, Japón estaba dividido en jurisdicciones de los diversos templos budistas. Esto formaba parte de un plan de los Tokugawa para vigilar y mantener el control sobre las masas. Todo mundo debía registrarse en el templo o santuario shinto de su área, de manera similar a como la Iglesia católica impuso el sistema de parroquias en la Europa medieval. Tal medida se adoptó a fin de que el gobierno japonés pudiera monitorear los movimientos de la gente y asegurarse de que no hubiera cristianos entre ellos. De modo que, desde sus 33 años hasta el momento de su muerte, a los 80, Hakuin fue un sencillo sacerdote del templo del pueblo. Aun así, su carrera, poco rica en acontecimientos vista desde fuera, fue ejemplo de la plenitud de una vida despierta.

Hakuin no escribió grandes tratados, pero tenía una clara comprensión de las complejidades de las doctrinas budistas y ocasionalmente abordaba por escrito varios temas relativos al zen. Su vida, escritos y enseñanza dieron pie a un renacimiento del zen que dejó su marca en todo Japón en los siglos siguientes. Pero con todo, Hakuin era un hombre muy práctico y pastoral, preocupado por el bienestar de la gente que lo rodeaba, especialmente por los pobres y enfermos. También fue famoso por su caligrafía.

El poema con que abre este capítulo se titula "Zazen Wasan". *Wasan* significa "alabanza", y éste es una canción de alabanza al zen, una canción de exaltación: "¡Qué hermoso! ¡Qué exquisito!" Esta canción proviene del estado de iluminación interior de Hakuin, y al cantar o recitarla se nos invita a penetrar ese reino interior dentro de nosotros mismos. Debe ser cantada o entonada en el contexto de nuestra propia experiencia en el zazen, es decir, nuestra propia búsqueda de nuestro ser verdadero.

La canción se divide de manera natural en tres secciones. Abordaré cada una, primero a grandes rasgos y luego en detalle. La primera línea hasta la que dice: "¿Cómo se van a liberar del ciclo de nacimiento y muerte?", es una sección introductoria que bosqueja los presupuestos básicos del zen, que se centran en la línea inicial: "Todos los seres sensibles son budas desde el origen."

La segunda sección inicia con: "En cuanto al *samadhi* zen del Gran Vehículo", y termina en: "Qué refrescante brillo el de la luna de la cuádruple sabiduría." Esta sección es el corazón del texto. En ella se explican muchos términos budistas y varios otros puntos que requieren conocimiento del trasfondo budista. Esta sección nos ofrece el meollo del zen, que es una invitación a la experiencia. En ella se describe parte del contenido de lo que se quiere que experimentemos.

La tercera sección se compone de las últimas cuatro líneas, y constituye una especie de resumen. El sentido de toda la canción se condensa en las últimas palabras: "Este cuerpo es el cuerpo de Buda." Dicho muy brevemente, en cierto sentido esto es lo que queremos: lograr que se capte y se pruebe lo que dichas palabras nos quieren decir: "Este cuerpo es el cuerpo de Buda."

LA CANCIÓN DEL ZAZEN, PARTE I

"Todos los seres sensibles son budas desde el origen." Ésta es una expresión de la verdad central de lo que somos. Es una visión sumamente positiva de nuestra existencia, que afirma que estos seres finitos, ignorantes, egoístas y llenos de confusión que somos, son en realidad seres dotados de una capacidad infinita y cuya naturaleza verdadera descansa en la sabiduría y la compasión.

Una enunciado equivalente, dentro de la tradición cristiana, sería la doctrina según la cual nosotros los seres humanos estamos hechos a imagen y semejanza de Dios. "Así Dios creó a los humanos a su imagen, a imagen de Dios los creó, varón y hembra los creó" (Génesis 1:27). Basándose en esta afirmación fundamental de que nuestra naturaleza ha sido creada a imagen de la divina, la tradición ortodoxa oriental del cristianismo sigue sosteniendo la doctrina según la cual el destino final de los humanos es volver a nuestra naturaleza divina, es decir, nuestra "divinización" (*theosis*) mediante la gracia depositada en Cristo, considerado el primogénito de toda la creación, el arquetipo a partir del cual todos hemos sido modelados. Sin embargo, una diferencia importante entre la visión cristiana y la budista es que en aquélla la "capacidad para lo divino" se considera propia sólo de los seres humanos, y no de los animales u otras especies de seres vivos. En cambio, en el budismo, todos los seres sensibles –incluyendo a los moradores del infierno, fantasmas hambrientos, espíritus malignos y animales– están dotados de la capacidad para alcanzar la budeidad. Dogen, el maestro zen japonés del siglo XIII, amplió aún más esta noción de "ser sensible" para incluir montañas y ríos, y toda la miríada de cosas contenidas en el universo.

En el poema se nos invita a apropiarnos esta afirmación de que "todos los seres sensibles son budas desde el origen", y realizarla en tanto verdad aplicable a todos y cada uno de nosotros. *¿Quién, yo?*, preguntaremos. *Sí, tú*, se nos responde. Pero nos resistimos a esto, incapaces de aceptar las tremendas implicaciones de tal afirmación, tal vez por falsa modestia, tal vez por incredulidad o por sentirnos reacios a abandonar la visión que tenemos de nosotros mismos como seres finitos, ignorantes, egoístas y llenos de confusión.

Tal vez el monje que le preguntó a Chao-chou "¿Tiene un perro naturaleza búdica?" estaba también asediado por la incredulidad, incapaz de asimilar esta afirmación aplicable a todos los seres sensibles. La respuesta de Chao-chou fue, claro está, "*¡Mu!*" —"¡No, de ningún modo!" o "¡Jamás de los jamases!" Pero si nos vamos con una lectura literal de esto, Chao-chou estaría contradiciendo esta fundamental afirmación de toda su tradición budista. Esta lectura de una respuesta negativa a la pregunta sólo nos traería de vuelta al hecho obvio de que el perro es (simplemente) perro, y yo soy (simplemente) un ser humano finito, ignorante, egoísta y lleno de confusión.

Otro koan nos presenta al mismo Chao-chou dando una respuesta afirmativa: "Sí, el perro tiene naturaleza búdica." Esta versión es (en apariencia) una franca contradicción de la otra versión. Esta lectura de una respuesta afirmativa, sin embargo, sólo serviría para satisfacer nuestra curiosidad intelectual sobre la naturaleza original del perro. "Sí, por supuesto, toda nuestra tradición budista lo afirma. Todos los seres sensibles tienen naturaleza búdica. El perro es un ser sensible. Por lo tanto, es elemental, mi querido Watson, que sí, el perro tiene en efecto naturaleza búdica." Si extendemos este silogismo a nosotros mismos, podremos decir: "Yo también soy un ser sensible. Todos los seres sensibles tienen naturaleza búdica. Por lo tanto, yo también tengo naturaleza búdica." Lo cual está muy bien. Sin embargo, tal silogismo carece del poder para otra cosa que no sea una victoria en un concurso de debate. ¿Cómo puede cambiar el hecho de que yo sea (simplemente) un ser humano finito, ignorante, egoísta y lleno de confusión?

No importa si nos inclinamos por el no o por el sí como respuesta a la pregunta del monje; seguimos en el punto donde empezamos. La clave para aclarar el koan está en no inclinarse hacia una u otra respuesta: ni tener ni no tener, ni ser ni no ser. Se nos está invitando a usar esta palabra –o, mejor, sonido– *mu* como clave para penetrar los secretos de nuestro ser más recóndito. Y esto se logra mediante la repetición del *mu* en cada exhalación, y repetirlo una y otra vez hasta que el yo consciente que atiende a esta respiración, el mismo que se pierde en tal o cual pensamiento distractor, se funde finalmente con el sonido *mu* y se vuelve uno con *mu*.

La clave para la realización viva de la primera línea de la canción de Hakuin, "Todos los seres sensibles son budas desde el origen", está en hacerse uno con *mu* en un estado de plena conciencia unitiva, o *samadhi*.

Desde una perspectiva cristiana, tomemos la afirmación de que todas las cosa en el universo manifiestan la presencia divina. Tanto los filósofos como los teólogos de las tradiciones monoteístas (principalmente judaísmo, cristianismo e Islam), concuerdan en la doctrina de la omnipresencia de Dios: no hay lugar en el universo donde Dios no sea. Esto, por supuesto, no equivale a decir que todo es Dios ("panteísmo"), sino simplemente que cada cosa en el universo entero existe sólo en la medida en que Dios quiere que exista y la siga manteniendo en existencia. Esto abarcaría no sólo a los seres humanos, sino a todo ser, incluyendo rocas y montañas, estrellas y galaxias, asó como toda forma de vida vegetal y animal. Ésta es otra manera de decir que "todo es Dios y Dios está en todo". Se trata de una postura teológica que se adecua al cristianismo ortodoxo, a veces denominada "pan-enteísmo". Así, por lo menos en un nivel doctrinal, tal vez encontremos en este enunciado –"todas las cosas del universo manifiestan la presencia divina"– un paralelo más cercano a la afirmación budista de que "todos los seres sensibles son budas desde el origen".

Dada esta afirmación, un monje podría hacerle una pregunta equivalente a un místico cristiano, digamos, a san Juan de la Cruz: "¿Manifiesta un perro también la presencia divina?" Putativamente, san Juan de la Cruz respondería: "*¡Nada!*" Y así volvemos al mismo punto en que nos encontramos al monje zen que le pregunta a Chao-chou sobre el perro. El único recurso que nos queda sería sentarnos en silencia y tomar esta "*¡Nada!*" como nuestra guía, y sumergirnos en lo más recóndito de nuestro ser: "*¡Nada, nada, nada!*"

Ésta es una invitación a entrar en el reino del cielo. "El reino de Dios está al alcance de la mano. ¡Abran su corazón para recibir la buena nueva!" (Marcos 1:15). ¿Y cuál es esa buena nueva? Justamente eso: ¡el reino de Dios está al alcance de la mano! ¡Entre nosotros!

"Todas las cosas en el universo manifiestan la presencia divina." Sentarnos en silenciosa contemplación es nuestro modo de abrir el corazón a dicha presencia. Esto es también lo que se nos invita a hacer cuando nos sentamos en zazen. Se nos invita a prepararnos para una experiencia de conversión, de transformación, de *metanoia*, para permitirle a ese reino de Dios que se apodere de nosotros y que, así, nos inunde con esta presencia para toda nuestra vida.

Todos nuestros esfuerzos, sin embargo, no son sino débiles intentos humanos por prepararnos para recibir esa abrumadora realidad. ¿Qué podemos hacer? Enderezamos nuestra postura, regulamos nuestra respiración y silenciamos nuestras mentes. Al hacerlo, incrementamos nuestra capacidad de concentración. Dicho de otra forma, cuidamos de centrar nuestro ser.

Por lo general nos encontramos dispersos en diversas direcciones. Nos apresuramos a cumplir con nuestras citas aquí y allá, estamos fragmentados en el tiempo y vivimos en compartimentos separados. Dirigimos nuestros esfuerzos hacia metas que, sin embargo, no nos brindan ningún sentido de realización, de plenitud.

Nuestro zazen nos puede dirigir hacia esa plenitud, al encontrarnos en el proceso de centrar nuestro ser, en concentrarnos en el aquí y ahora. El poder que emana de sentarse llega a hacerse palpable, y con él nos acercamos más a la integración, a través de la práctica de adoptar, al sentarnos, una postura relajada y sin embargo alerta, regular nuestra respiración, silenciar la mente y enfocarnos en el aquí y ahora.

Cada vez logramos estar más y más presentes para todo nuestro ser. Hacernos cada vez más íntegros... ésa es la dirección que tomamos al sentarnos en zazen. Lo opuesto es estar dispersos, separados, haciendo algo distinto cada tantos minutos, cambiando de lugar, sólo para convertirnos paulatinamente en ese "hombre de ninguna parte" del que cantaban los Beatles.

Conforme se profundiza nuestra atención en el silencio de la meditación sentada, podemos sentir nuestras vidas todas impregnarse de esta integridad, mediante la cual en cada momento estamos total y completamente en el momento. Y este momento es completo e íntegro, tal y como fue completo e íntegro el momento que lo antecedió. Nos es dado experimentar nuestras vidas en plenitud, en cada aquí y ahora. Es hacia esta totalidad que nos movemos cada vez que damos un paso. Desde este estado de atención plena podemos entrever el reino del cual brota la primera línea de la canción de Hakuin: "Todos los seres sensibles son budas desde el origen." O bien: "Todas las cosas en el universo manifiestan la presencia divina."

Así, esta primera sección de "La canción del zazen" constituye una aclamación basada en el estado interior de la vida zen. Es una expresión que emana de vivir esa vida del zen. A cada uno de nosotros se nos llama a ingresar en ese mundo, con cada respiración, con cada paso. Y mientras cantamos o recitamos esta canción, de todo corazón, y nos entregamos al canto o la recitación, se nos da una probada de lo que hay en ese mundo.

La canción del zazen, parte II

En el Génesis leemos que Dios vio toda la creación, todas y cada una de sus criaturas, ¡y vio que todo era bueno! (Génesis 1:1-31). Esta bondad es la participación de toda la creación en la bondad divina. Este último hecho no debe permanecer en nuestras cabezas como mero concepto. Se nos invita a dar una probada de esa bondad. Esa bondad que probamos es la infinita bondad que es Dios.

"Todas las cosas en el universo manifiestan la divina presencia." En otras palabras, la tierra, el sol, la luna, las plantas, las aves del cielo, son en sí mismos manifestaciones de esta presencia. Así como son.

El zen es experimentar "las cosas tal y como son". En realidad, lo único que tenemos que "hacer" es simplemente *ser tal y como somos*. Si logramos captar esto, entonces el *hecho* del zen llegará a nosotros. Llegaremos a saber que la bondad divina, que permea todas las cosas, es en realidad *esta* bondad de pararnos, sentarnos, reír y llorar. Saber algo intelectualmente y saber algo por experiencia son cosas completamente distintas. Es posible conocer intelectualmente las propiedades de la electricidad, pero esto no es nada comparado con un toque de un cable electrificado.

Me viene a la mente una experiencia que relata el filósofo judío Martin Buber. De niño, Buber adoraba la naturaleza, y una tarde, después de la comida, encontrándose en la cuadra y mientras acariciaba la cerviz de su caballo, algo le sucedió. Más tarde, al tratar de expresarlo con palabras, dijo que la fuerza vital que se desprendía de su caballo era la misma fuerza vital que corría por sus manos, la misma vida que recorre la tierra, la misma vida que recorre el universo entero, y que de alguna manera esa vida lo inundó en el momento de acariciar a su caballo. Así, el que "todas las cosas del universo manifiestan la presencia divina" se convirtió para él, no en doctrina, sino en una experiencia concreta que transformó toda su vida.

En sus días de universitario, otro teólogo católico, ahora célebre, era un elocuente agnóstico. Un día, incapaz de mantenerse concentrado durante una conferencia bastante aburrida, miró por la ventana y vio unas hojas tiernas que brotaban de un árbol. De repente, algo se apoderó de él. Más tarde habría de explicar que se dio cuenta de que la vida que salía de esas jóvenes hojas era la misma que penetraba al árbol mismo, y que era la misma que lo vivificaba a él mientras permanecía sentado en el salón de clases. Era la misma vida que permitía que todo existiera. Habiendo experimentado esto, le fue imposible seguir siendo ateo. A partir de ese instante ya no podría albergar duda alguna sobre la "existencia de Dios".

Pero no nos dejemos engañar por estas palabras: "existencia de Dios". Las palabras apuntan hacia una realización experiencial de simples hechos. El hecho es que las hojas son verdes, que la cerviz del caballo es tosca y peluda al tacto, que el viento sopla, que el verano es caliente y el invierno frío. Estos simples hechos nos permiten experimentar lo que es, *tal y como es*, y de ese modo dejarnos impregnar de esta divina presencia.

"La canción del zazen" dice: "Como en el caso del agua y el hielo, / No hay hielo sin agua." No diríamos esto si dependiéramos sólo en nuestros sentidos. Cuando sentimos el agua sabemos que no es hielo, pues el hielo no se siente así. El hielo es duro, nos dicen nuestros sentidos. Nuestros sentidos tienden a engañarnos y decir: "El hielo no se siente como agua, por lo tanto es una cosa distinta, separada y diferente del agua." Así es nuestra naturaleza búdica.

A menudo, en la vida diaria, nuestros sentidos nos engañan y nos llevan a pensar que las cosas son como ellos las quieren ver. A este respecto, se nos tiene que "corregir". ¿Cómo?

¡Tal vez con un masaje! Muchos japoneses son muy buenos para los masajes. Un buen masajista te puede decir si estás o no tenso con sólo tocar tu hombro, y a menudo percibe un grado de tensión de la que ni estamos conscientes. Nos tensamos porque no nos sentimos del todo bien en casa, con nosotros mismos y con lo que hacemos. Pero un simple masaje no podrá nunca "corregir" lo que en verdad requiere de urgente corrección: nuestra postura fundamental ante nuestra propia naturaleza. Así, tal vez sea necesario algo equivalente a un masaje espiritual para soltarnos un poco y permitirnos relajarnos, y simplemente *ser*, aceptándonos tal y como somos en vez de estar siempre tratando de aparentar algo para ocultar nuestras inseguridades y ansiedades o para llenar alguna carencia que imaginamos en nosotros. Una vez que reconozcamos que tal es nuestra situación, es decir, la de estar inconformes con nosotros mismos, des-estabilizados, podremos escuchar las palabras del filósofo Heidegger refiriéndose a nosotros al decir: "Dejen a los seres ser." Déjate ser lo que eres y no otra cosa. La maravilla de "ser tal como eres" nunca podrá expresarse con palabras; sólo se le puede contemplar en todo su esplendor, con un sentimiento de asombro y gratitud.

El teólogo Paul Tillich hace el mismo planteamiento en su ensayo "You Are Accepted" (Eres aceptado), publicado en una colección titulada *Shaking the Foundations* (Haciendo temblar los fundamentos). En resumen, sólo necesitamos ser lo suficientemente humildes para aceptar el hecho de *ser aceptados,* tal y como somos, sin importar nada, por ese amor cósmico que permea el universo.

Ésta es otra manera de ver la divina presencia a la que aquí aludimos y que nuestra experiencia de sentarnos en silencio nos puede traer hasta la puerta, a saber, que se trata de una presencia amorosa. Es un íntimamente palpable sentimiento de ser afirmados, confirmados, abrazados de una manera casi cósmica.

Jesús escuchó las siguientes palabras cuando recibió el bautismo de manos de Juan el Bautista en el río Jordán: "Tú eres mi hijo amado; en ti me complazco" (Marcos 1:11). Sentados en silencio, puede llegar un momento de gracia en que logremos escuchar estas mismas palabras resonar a través de todo nuestro ser, y a través del universo. Temblando, preguntamos: "¿Quién, yo?" Y la respuesta es: "¡Sí, tú!"

Ignorantes de que la verdad está tan cerca de ellos,
Los seres la buscan lejos, ¡ay!
Es como si alguien, en medio del agua,
Se quejara de sed.
Es como un hijo de familia rica
Que se pierde en un poblado pobre.

En otra versión leemos: "Sin saber lo cerca que está de ellos la verdad, la buscan lejos... ¡qué pena!" Ignorantes de que nos abraza una presencia infinitamente amorosa, se nos lleva a pensar, equivocadamente, que somos infelices e impuros y estamos separados de nuestro verdadero ser. Nos sentimos separados porque no estamos concientes de esta presencia, que de hecho es "algo más íntimo a nosotros que nosotros mismos", como señaló san Agustín.

¿Dónde está la raíz de esta separación de nuestra bondad básica, que es la bondad divina? ¿No está en nuestra obsesiva preocupación por nuestros egos estrechos? ¿No está en nuestros apegos y deseos egoístas y la persecución de objetos dispares que creemos nos darán felicidad, pero que sólo nos hacen más infelices? Ésta es la raíz de nuestra infelicidad: tendemos a ver las cosas y a tomarlas como "objetos" independientes de nosotros. Esta manera de ver las cosas nos escinde en el núcleo de nuestro ser.

Yo estoy aquí, tú estás allá. Yo estoy "aquí adentro", el mundo está "allá afuera", y damos por hecho que así son las cosas. Qué triste que en nuestra conciencia de todos los días seamos incapaces de tender un puente sobre esta brecha que separa nuestros pequeños egos de aquellos otros seres cuya compañía anhelamos, la comunión con aquellas personas cuya compañía deseamos desde lo profundo de nuestros corazones.

Y todavía resuena el mensaje: "El reino de Dios está al alcance de la mano. Abran sus corazones y reciban la buena nueva" (Marcos 1:15). Aceptar este mensaje básico es lo que puede eliminar el pecado original que nos separa de Dios.

Estamos hechos a imagen y semejanza de Dios, y nuestro último destino es regresar a Dios al descubrir lo que somos, es decir, en tanto imagen y semejanza de Dios. Somos verdaderamente el hijo del hogar rico, aunque –da tristeza admitirlo– no nos damos cuenta de nuestra riqueza. Éste es nuestro "pecado original": que hemos olvidado lo que realmente somos.

Hay una parábola del budismo mahayana sobre el vástago de un hogar rico que quiere dejar su casa y viajar por todas las regiones del mundo que no ha visito nunca. Antes de dejarlo ir, su madre le cose una joya preciosa en el cuello de su bata. A todos los lugares que iba, el joven llevaba consigo una inestimable riqueza en la joya oculta en su cuello; pero él, por supuesto, no lo sabía. En algún momento, durante su viaje, se quedó sin dinero. Tenía hambre, andaba astroso y cansado, incapaz de hacer algo por aliviar su situación. O al menos eso pensaba. ¡Nada sabía de la riqueza que transportaba de aquí a allá! Todos poseemos tal riqueza, si sólo supiéramos dónde buscar.

Y en eso consiste el exhorto de "La canción del zazen": "Miren, ustedes son portadores de riqueza. Abran los ojos y descúbranla, y denle buen uso. Sáquenla. ¡Vívanla!"

La razón de que los seres transmigren a través de los seis reinos
Es que están perdidos en la oscuridad de la ignorancia.

Vagando así, de oscuridad en oscuridad,
¿Cómo se van a liberar del ciclo de nacimiento y muerte?

La tradición india habla de los seis reinos de seres vivientes que siguen renaciendo y muriendo sin nunca alcanzar la eterna felicidad: una lúgubre existencia siempre en medio del sufrimiento. La ignorancia es la causa del sufrimiento, que nos impide ver lo que realmente somos.

Vagamos "de una senda oscura a otra senda oscura". Nuestras vidas diarias están llenas de cosas tales como la avaricia y la ira, el desánimo, la depresión. Todo mundo está viendo por sí mismo. Todos estamos en conflicto unos con otros. En nuestra sociedad humana constituye un mero truismo decir que los poderosos explotan a los débiles. Aquellos que son explotados pasan luego a explotar a otros, y así continúa el círculo vicioso. Esto es en parte lo que se quiere decir con transmigración: ir moviéndonos en círculos sin poder realizar la verdadera felicidad al mirar y relacionarnos unos con otros desde nuestras estrechas perspectivas egocéntricas.

¿Cómo vamos a liberarnos de este ciclo de infelicidad? Es posible hacerlo mediante la realización de quiénes y qué somos, o dicho de otra forma, mediante el despertar a la realidad de nosotros mismos, nuestro ser verdadero. ¿Cómo vamos a despertar a este ser verdadero? Esto sucede cuando vemos con nuestro ojo interno que nos abraza una presencia amorosa, la cual nos afirma y nos acepta tal y como somos, así como también todos los demás y todo lo demás son aceptados como son.

Como decimos en el zen, ver dentro de la propia naturaleza es, por el hecho mismo, *convertirse* en Buda. Aquí la palabra "convertirse" no significa volverse algo que no se era, sino recuperar lo que uno ha sido desde el principio. Ver y aceptar que hemos nacido en la imagen divina, y que respiramos cada respiración y damos cada paso de nuestras vidas al amparo de una presencia amorosa, es percatarnos de nuestra auténtica libertad en tanto hijos de Dios.

En cuanto al samadhi zen del Gran Vehículo,
No existe alabanza que abarque sus tesoros.
Los seis caminos de la perfección, que incluyen el dar,
Vivir una vida recta y otras buenas acciones,
Entonar el nombre de Buda, arrepentirse, y demás,
Provienen del mérito de sentarse en zazen.

Ésta es una exclamación del elogio más alto y que exalta las muchas virtudes que surgen del *samadhi* –término sánscrito que puede traducirse simplemente como "meditación profunda". Estar en meditación profunda es permanecer inconmovible en medio de todo o ante todo. El *samadhi* es inamovible y, sin embargo, es el poder que mueve todo. Es el dinámico Movedor de todo que en sí permanece inmóvil.

"Oh, el *samadhi* zen del Gran Vehículo." En *samadhi* penetramos hasta la fuente de movimiento del universo mismo al alcanzar –citando un poema de T.S. Eliot– "el punto inmóvil del rotante mundo". En nuestra práctica zen ingresamos en ese centro dinámico del universo que es total, perfecto, completamente sereno, y sin embargo cargado de energía. En esta calma se origina el poder que mueve al universo entero. Es en éste en que nos sumergimos cuando nos sentamos en zazen.

Ésta es la disposición interna a la que se nos pide llegar en nuestra vida diaria. Podemos estar perfectamente calmados, y sin embargo ser plenamente dinámicos. No nos sentimos agitados en nuestro trato con otros. No nos presionamos a nosotros mismos, ni presionamos a otros. Debemos ser lo que somos, y aceptarnos los unos a los otros como somos. Al hacer esto, el poder que yace latente se activa de manera natural, y es ese poder el que hace posible la transformación del mundo.

Tal es el objeto de encomio en el poema. Es un estado que abarca todas las demás prácticas espirituales y ascéticas. Todas están contenidas en el zazen. Dicho de otro modo, lo que descubrimos al entrar en *samadhi* es algo que contiene todas las virtudes que exalta la tradición budista, incluyendo las perfecciones de dar, la rectitud en el comportamiento, y todas las demás. El maravilloso libro de Robert Aitken *The Practice of Perfection* (La práctica de la perfección) es una espléndida exploración de estas grandes virtudes.

La canción del zazen, parte III

"He aquí, yo hago nuevas todas las cosas" (Apocalipsis 21:5). La novedad de todo momento es lo que el poema nos invita a probar y a vivir. Por eso, la siguiente línea dice: "La virtud de una sola sentada en zazen / Borra cualquier error pasado"; o como lo expresa otra traducción: "Una sola sentada barre con todos los antiguos vicios." En el instante eterno no hay pasado ni futuro. Vivimos en el eterno presente, antes de la fundación del mundo y, sin embargo, también en la culminación del tiempo, cuando todas las cosas celestes y terrenas se juntan en una sola. Se nos exhorta a probar y a asir ese *ahora* en cada momento de nuestras vidas. Si pensamos en esto con nuestra mente discursiva, atrapados en el contexto del tiempo lineal y el espacio geométrico, nos empantanaremos con las contradicciones conceptuales. Así que se nos pide dejar a un lado esta mente discursiva y ver con los ojos de nuestro corazón el mundo del eterno ahora que nos abre al reino de lo infinito.

¿Dónde están, pues, los caminos del mal que nos desvían?
La Tierra Pura no debe estar lejos.

En el Nuevo Testamento, cuando Jesús va a la sinagoga y lee en voz alta un pasaje del texto de Isaías, les dice a sus oyentes: "He aquí, las palabras de las escrituras se cumplen *ahora* ante vuestros ojos" (Lucas 4:21). Y Hakuin nos dice: "La Tierra Pura no debe estar lejos." El reino del cielo está al alcance de la mano. Paremos nuestros oídos para escucharlo. Abramos nuestros ojos interiores para verlo.

Aquellos que, aun sólo una vez, en humildad escuchan
Esta verdad, la exaltan y a ella se adhieren fielmente,
Serán retribuidos de innumerables méritos.

O como lo dice otra traducción: "Aquel que escuche la escritura aunque sea una sola vez, y atienda a ella con corazón agradecido, exaltándola y reverenciándola, obtiene un sin fin de bendiciones." ¡Basta escucharla una sola vez con genuina atención! Hay un famoso koan: "¿Cuál es el sonido de una sola mano al aplaudir?" Sólo basta escuchar el sonido una sola vez con sincera apertura. La sola experiencia de Shakyamuni bajo el árbol del bodhi revolucionó su vida entera. Para muchos de nosotros, es el verdadero momento en que podemos realmente escuchar la palabra primigenia y ver nuestro ser verdadero. Este momento será para siempre y seremos cambiados para siempre debido a esa sola experiencia.

Hay un proverbio chino que todo niño japonés memoriza cuando estudia el pensamiento confuciano. Una traducción aproximada del mismo sería: "Cuando uno logra escuchar el Camino en la mañana, se puede morir en paz por la tarde." Si uno realmente logra ver el camino, la verdad y la vida, aunque sea sólo de un vistazo, es más que suficiente. Uno puede morir satisfecho.

Éstas son palabras semejantes a las de mi maestro roshi Yamada después de su experiencia de *satori*, el cual fue tan profundo que revolucionó su universo entero, y pudo decir: "Estoy preparado para morir. Aunque muriera en este mismo momento, mi vida tendría infinito valor debido a esta experiencia."

Lo mismo podríamos decir aquellos de nosotros que hemos tenido la experiencia aunque sea de un solo vistazo a este reino. Ese vistazo en ese momento es suficiente para permitirnos darnos cuenta del infinito valor de nuestras vidas. Aunque muriéramos en ese mismo momento, no tendríamos miedo del dolor o la muerte. Estamos listos para cualquier cosa porque ya hemos recibido una infinita riqueza. Nos damos cuenta de que no hay nada en absoluto que perder. La verdad que experimentamos de este modo no es, claro está, algún tipo de alabado principio universal que uno llega a entender después de horas de pensamiento discursivo y fatigosos razonamientos. Se puede activar con una pequeña sensación: el tic-tac del reloj, un aplauso, una cubeta que se rompe, es decir, los simples hechos de la existencia diaria ¡que están bajo nuestras narices!

Nuestras vidas acabarán en tragedia si nos perdemos buscando la verdad lejos, sin darnos cuenta de que está justo aquí. Qué lástima que se nos haga tan difícil ver y escuchar cosas que están tan cerca de nosotros.

Escuchemos estos hechos simples de nuestra vida diaria. Nuestras vidas llegan a su fruición, no en un glorioso e idealizado futuro, sino con cada hecho y evento suscitado en nuestra existencia de todos los días.

Éste es el mensaje central del cristianismo, a saber: la realidad misma de "Dios con nosotros". El verbo se hizo carne. Dios se hizo humano. Cuando logremos entender lo que significa ser humano, verdaderamente humano, tal vez podremos entrever esa amorosa, divina presencia que todo lo abarca.

Pero si vuelves tu mirada al interior
Y das fe de la verdad de la naturaleza básica,
La naturaleza de sí mismo que es no naturaleza,
Habrás ido más allá de la mera sofistería.

No es cosa fácil "volver tu mirada al interior", puesto que en el reino del despertar no existe ni interior ni exterior. Desde el punto de vista práctico, esto nos dice que somos propensos a distraernos con cosas exteriores a nosotros, ya que nosotros (en tanto sujetos) las perseguimos como objetos, lo cual las coloca de manera automática "afuera" de nosotros. Escuchamos sonidos "allá afuera". Vemos cosas "allá afuera". Nos relacionamos con gente "de allá". El poema de Hakuin nos dice que dejemos de mirar hacia fuera y que miremos hacia adentro, y para hacer esto eliminamos la distinción afuera-adentro. Todo se ve desde adentro puesto que todos estamos en un mismo mundo, dentro del reino, impregnados por una divina presencia amorosa.

Esto, por supuesto, no significa que estemos observando impresiones y reacciones psicológicas, ya que esto también sería tomar tales impresiones y reacciones por objetos ¡y colocarlos "afuera" una vez más! Si ésta es una manera de ver que corta a través de la distinción sujeto-objeto, ¿cómo puede el ojo verse a sí mismo? Esto lo veremos en el versículo siguiente del poema.

"Dar fe de la verdad" significa simplemente realización clara. Y al realizar nuestra propia naturaleza encontramos que, en su actualización, es no naturaleza. Pero ahora tenemos una contradicción. ¿Cómo es esto? Tal vez convenga retomar aquí la imagen de la fracción que roshi Yamada emplea, la que lleva el cero-infinito como denominador. ¡No hay nada ahí! Nada somos ante la infinitud de esa divina, amorosa presencia. Al volvernos al interior, se nos llama a retornar a esa nada de la que surgimos y ahí ver el rostro de Dios.

El rostro de Dios es el rostro original a imagen del cual fuimos creados. Esto mismo es lo que se nos pide que presentemos en el koan: "Muéstrame tu rostro original antes de que nacieran tus padres." Es imposible ver ese rostro si no retornamos a la nada de nuestra naturaleza, "antes de la fundación del mundo, santos y sin mácula... en amor predestinados" (Efesios 1:3-4). En el cuarto de dokusan, en reunión privada con el maestro zen, es posible que se nos pida, de manera directa: "¡Muéstrame ese rostro!" Esta pregunta no puede ser respondida a través de la astucia, ya que, desde un punto de vista analítico, resulta un sinsentido. No tiene ningún caso tratar de resolver el problema utilizando la mente racional, discursiva. Aquí se trata de una invitación a vivir esa inefablemente divina y amorosa presencia.

La puerta de la unidad causa-y-efecto se abre de par en par.
La senda de la no dualidad, de la no triplicidad, se extiende recta frente a ti.

La relación causa-y-efecto es algo que siempre surge en filosofía budista, especialmente cuando la intelectualización nos aparta del camino. El segundo koan de la *Barrera sin puerta* habla de si la persona iluminada está libre de la causa y el efecto. Aquí, este versículo del poema de Hakuin sirve para echar luz sobre el problema: la causa y el efecto son uno, no son ni dos ni tres: el camino es recto.

Hay otro koan que en el que se nos pide "caminar derecho por una estrecha senda de montaña con 99 curvas". En la práctica del zen, el verse confrontado con una contradicción en el nivel conceptual tiene un propósito: frustrar los intentos de la mente racional por solucionar problemas mediante el silogismo y la lógica, y permitir a la mente original ver las cosas conforme van saliendo, derechas y sin curvas.

La forma sólo forma de la no forma,
El ir y el retornar están ahí justo en el punto en que te encuentras.
El pensamiento no más que pensamiento del no pensamiento.
Cantar y bailar son la misma voz de la verdad.

"La forma y la no forma, el pensamiento y el no pensamiento" van juntos, y provienen de una frase en chino que en japonés se dice *munen-muso*, "no pensamiento, no imagen". En realidad esto resulta un poco engañoso dicho con palabras, pues ¿cómo es posible el no pensamiento o la no forma cuando uno está sentado diciendo "no tengo pensamiento"? ¡Aquí ya está uno pensando! Decir que no tenemos pensamiento y no tenemos forma aturde nuestra mente y nos deja acorralados. No logramos cortar el círculo vicioso.

¿Cómo podemos realizar esta no forma y no pensamiento? Simplemente aplacándonos y dejándonos *ser*. Cuando tenemos calor, limpiamos el sudor de nuestro rostro sin detenernos en la idea del calor. Cuando tenemos sed y tomamos un vaso de agua somos uno con el momento, siendo nosotros mismos con el momento, total, plenamente. No pensar, sino *ser*, es el secreto.

Otra traducción del segundo verso dice: "Tu ir y venir, nunca desviado." Lo cual nos dice que no hay ni venir ni ir, y sin embargo, hasta moviéndonos siempre de un lado a otro está uno siempre quieto. ¡Más sinsentidos! Vemos nuestro mundo moverse en la frase de Heráclito: "Todo se mueve, todo fluye." Y otro pensador griego, Parménides, dice: "Nada se mueve, todo es uno." Lo que buscamos es una reconciliación de estas dos perspectivas: todo se mueve y, sin embargo, todo permanece quieto. Estamos donde estamos. Nos seguimos desplazando de manera dinámica y, con todo, nada tiene que moverse de lugar; todo está completo y en paz tal y como es. En el reino del cielo "la muerte no será más, el luto y el llanto y el dolor no serán más (Revelaciones 21:4).

La última línea del versículo es: "cantar y bailar son la misma voz de la verdad." El canto y el baile son expresión completa de la verdad del darma. "Así, lo mismo si comen o beben, o cualquier cosa que hagan, háganlo todo para la gloria de Dios" (1 Corintios 10:31). Cuando bailamos, y en verdad *bailamos*, estamos en un estado de *munen-muso*, de no forma, no pensamiento: *sólo bailando*.

Me acuerdo de una celebración después de un *sesshín* que se realizó bajo la guía de roshi Yamada en Leyte, Filipinas, a principios de los años ochenta, como acto conmemorativo y de reparación para aquellos que perdieron la vida en la Segunda Guerra Mundial. Leyte fue el lugar de una feroz batalla entre las fuerzas japonesas, por un lado, y las fuerzas aliadas estadounidenses-filipinas, la cual resultó en numerosos muertos de ambos lados.

Después del retiro, tuvimos una recepción y una fiesta en la misma sala en que nos habíamos sentado en zazen, y muchos, movidos por la emoción del momento, bailamos con la música que sonaba en el fondo. Roshi Yamada nos miraba con atención, disfrutando del espectáculo. Cuando la música bajó de volumen, Yamada comentó en voz alta al grupo ahí reunido: "¿Cómo no van a alcanzar la iluminación, si bailan tan bien?"

Qué interminable y libre es el cielo del samadhi.
Qué refrescante brillo el de la luna de la cuádruple sabiduría.

Hemos llegado al *samadhi* –el mundo interno de la quietud–, que se manifiesta dinámicamente en el movimiento del universo: "Un cielo azul claro, y ni un jirón de nube que obstruya el ojo que contempla." Nuestros ojos tropiezan con cosas que son la causa del engaño en tanto las seguimos considerando "objetos" situados "allá afuera". Conforme logramos atravesar este pensamiento del "allá afuera" y ver las cosas "tal y como son", todo adquiere la transparencia del cielo claro. La luna brilla con intensidad. No necesitamos ni siquiera un dedo para señalar la luna. Lo único que tenemos que hacer es dejarla brillar en todo su esplendor. Así, tal y como es.

En este momento, ¿qué es lo que buscas?
El nirvana está ante ti.
La Tierra Pura está justo aquí ahora.
Este cuerpo es el cuerpo de Buda.

Estos últimos cuatro versos son un resumen de toda la "canción" de Hakuin. Una traducción más literal sería: "¿Y qué más podríamos buscar realmente? Aquí está el nirvana mismo revelado; éste es el lugar mismo de la Tierra del Loto; este mismo cuerpo, el Buda."

Todo está aquí, completo y total. En verdad, ¿qué más querríamos buscar? Nada somos, de la nada creados, y sin embargo, completos, perfectos tal y como somos, en nuestra mismísima nada. Un vistazo a esa nada es precisamente la clave a nuestra totalización, perfección, paz y liberación. El poema nos invita a esta experiencia de la nada en su totalización, de la perfección en la nada.

"Aquí está el nirvana mismo revelado." No allá arriba en los cielos, sino aquí mismo, bajo nuestras narices. Este mensaje básico ha sido tristemente pasado por alto, y es por eso que Marx acusa a la religión de no ser más que un opio de los pueblos. La gente mira hacia el cielo, o hacia la nueva vida, o hacia algún futuro idealizado, con la esperanza de ver cumplirse sus deseos, de ver realizada su felicidad. Tal actitud nos hace olvidar y descuidar el tesoro que yace en el aquí y ahora. Se nos conmina a abrir los ojos y nuestros corazones. Y he aquí, que el reino del cielo está al alcance de la mano.

"Éste es el lugar mismo de la Tierra del Loto." No malentendamos esta frase como si dijera que ya estamos en el cielo. ¡Por Dios, todavía hay un mundo entero que debe transformarse! La creación toda está gimiendo de dolor, hasta su cumplimiento (Romanos 8:19). Y con cada gemido, el "aquí ya está" y el "aún no" se juntan. El reino se realiza y sin embargo aún está por cumplirse. Esta contradicción se resuelve en el momento de penetrar el reino. El aquí y ahora es perfecto y acabado, y sin embargo exhorta a una mayor perfección y a una mayor plenitud. Esa amorosa, divina presencia que llamamos Dios está siempre más allá, trascendiendo todo lo que pudiéramos jamás imaginar, y sin embargo nos es más íntimo que nosotros mismos.

La última frase dice: "Este cuerpo es el cuerpo de Buda." Este cuerpo nuestro que está aquí no es la acostumbrada imagen de Buda, que aparece representado tan serenamente en los altares y pinturas sagradas.

Visto esto desde otra perspectiva, veamos lo que sucede durante la celebración eucarística cristiana, es decir, la misa. El momento central de este ritual consiste en las palabras de consagración que pronuncia el cura, a manera de recordatorio de lo que Jesucristo dijo durante su última cena con sus discípulos, justo antes de que se le diera muerte en la cruz. El sacerdote toma el pan en sus manos y dice: "Éste es mi cuerpo, que entrego a ti."

Si escuchamos esto con nuestro corazón, ¿qué tenemos? "Éste es mi cuerpo." ¿Qué es "éste"? ¿Quién es "mi"? ¿Y qué es este "cuerpo"? ¿Quién es este "ti"? Cuando logramos escuchar, desde el núcleo de nuestro ser, estas palabras de consagración, "Éste es mi cuerpo, que entrego a ti", se desploma la barrera que separa a este estrecho yo –y su respectivo cuerpo físico– de los cuerpos de todos los seres sensibles y los de todos los santos, y de esta tierra toda, y del universo entero, y del cuerpo de Cristo. Y con este desplome logramos ver con ojos nuevos, y escuchar con nuevos oídos, el sonido de las profundidades: "Éste es mi cuerpo, que entrego a ti."

Si sólo vivimos en la superficie de nuestra conciencia, no somos más que pequeños seres separados, y yo estoy aquí y Juan está allá, y María del otro lado. Somos distintos y estamos dispersos. Pero si logramos ir a un nivel más profundo, llegamos al punto en que no hay separación en absoluto. Somos "este cuerpo". Al experimentar este reino de "este cuerpo", entramos en contacto con el fundamento mismo de la compasión, que literalmente significa "sufrir con". El sufrimiento de todos los seres con quienes comparto la vida se ha vuelto mi propio sufrimiento, y ya no algo aparte de mí. "Éste es mi cuerpo, que entrego a ti."

"Éste mismo cuerpo" es el cuerpo de todos y cada uno de nosotros, que gime de dolor y se debate en el sufrimiento en este mundo nuestro. Al lograr pronunciar estas palabras desde el fondo de nuestro ser: "Éste es mi cuerpo, que entrego a ti", realizamos, con los ojos ahora bien abiertos, este cuerpo, el cuerpo de Buda.

EL SAMARITANO ILUMINADO

LECTURA DE UNA PARÁBOLA CRISTIANA A PARTIR DEL ZEN

El siguiente fragmento se presenta con una aclaración inicial. Mi intención no ha sido elaborar un "comentario" a un pasaje de las escrituras. Lo digo porque la escritura apunta a una *realidad viviente* a la que se nos invita a ingresar y no sólo a observar desde afuera y comentar. Otra manera de decirlo es que con este pasaje se nos está proporcionando *alimento* para el espíritu. Y, tal como sucede con cualquier otro alimento, la respuesta apropiada es no sólo apreciar desde lejos el platillo o fotografiarlo –aunque sea perfectamente legítimo hacerlo–, sino *participar* en el banquete y *probar* lo que nos están ofreciendo. Así que es en este espíritu que nos invitan a entrar en el mundo de este pasaje de las escrituras. Leemos no sólo con nuestras cabezas sino con nuestro cuerpo, con todo nuestro ser, e ingresamos en el mundo vivo del texto, permitiendo que su fuerza dinámica nos envuelva, con cada respiración, cada pulsación.

Mediten sobre esta parábola de los evangelios:

> En cierta ocasión se acercó un intérprete de la ley y le preguntó, para probarlo: "Maestro, ¿qué debo hacer para ganarme la vida eterna?" Jesús le dijo: "¿Qué está escrito en la ley? ¿Cómo la interpretas tú?" Y aquél respondió: "Ama a Dios tu Señor con todo tu corazón, con toda tu alma, con todas tus fuerzas y con toda tu mente; y ama a tu prójimo como a ti mismo." "Ésa es la respuesta correcta", dijo Jesús; "haz eso y vivirás."

> Pero el hombre, queriendo justificarse a sí mismo, le preguntó a Jesús: "¿Y quién es mi prójimo?" Jesús respondió: "Un hombre iba camino de Jerusalén, bajando hacia Jericó, cuando fue asaltado por ladrones, quienes lo despojaron de su ropa, lo golpearon y huyeron, dejándolo medio muerto. Sucedió que un sacerdote iba bajando por aquel camino, pero cuando lo vio pasó de largo. Así también, un levita pasó por el lugar, y cuando lo vio pasó de largo. Pero un samaritano, que iba también de camino, se le acercó y cuando lo vio sintió compasión por él. Se le acercó y vendó sus heridas, lavándolas con aceite y vino. Entonces lo levantó y lo puso sobre su animal, lo llevó a un mesón y allí lo atendió. Al día siguiente sacó dos monedas de plata y se las dio al mesonero, diciéndole: "Cuida de él, y si gastas de más, yo te lo pagaré cuando regrese." Ahora, ¿cuál de estos tres piensas que era el prójimo del hombre que cayó en manos de los asaltantes?" Y respondió: "El que le mostró misericordia." Entonces Jesús le dijo: "Ve, y haz lo mismo que él." (Lucas 10:25-37)

Este pasaje suele leerse a manera de lección de moral: "Ayuda a tu prójimo cuando te necesite." Y aunque ésta sería una lectura válida, no le estaría haciendo justicia a lo que aquí se está presentando.

Todo comienza con la pregunta hecha por el intérprete de la ley: "¿Qué debo hacer para ganarme la vida eterna?" Descendamos hasta las profundidades de nuestro ser y prestemos verdadera atención a la pregunta. Se trata de la misma pregunta que nosotros mismos hacemos, aunque la formulamos de distintas maneras:

> *¿Qué es la vida verdadera?*
> *¿Cómo puedo vivir una vida auténtica?*
> *¿Cómo puedo descubrir quién soy, y dejar vivir mi ser verdadero cada momento de mi vida?*

La "vida eterna" no es, pues, la vida después de la muerte, la extensión de alguna forma de conciencia que persistirá después de nuestra muerte biológica, sino algo que tenemos a la mano aquí y ahora. Apunta hacia la misma realidad que se indica en otro pasaje del Nuevo Testamento: "¡El reino de Dios está al alcance de la mano!" (Marcos 1:15), ¡aquí mismo! ¿Cómo podemos participar de la vida eterna en el aquí y ahora que está frente a nosotros?

El pasaje no está hablando de que debemos "hacer méritos" para ingresar a esta vida eterna "mediante" buenas acciones para con nuestro prójimo, aunque ésta ha sido una interpretación común de mucho arraigo. Tal lectura es ciertamente muy estrecha, y estoy convencido de que distorsiona el sentido del texto. Aquí se nos invita a hacer una pausa y preguntarnos, en silencio: "¿Qué *es* la vida eterna?"

Lo que estamos buscando con la lectura de este pasaje del Nuevo Testamento no es tanto el "significado" del texto, como un camino en la búsqueda que estamos realizando, la búsqueda de respuestas a preguntas clave: "¿Quién soy?" y "¿Cuál es mi ser verdadero?"

Ahora, con esa disposición, estamos preparados para entrar en el mundo del texto, no sólo mentalmente, sino corporalmente también, con todo nuestro ser.

Nuestra búsqueda es la de la vida eterna, ni más ni menos. Es lo que buscamos sinceramente, sentados en silencio, atentos a nuestra respiración, enfocado nuestro ser entero en el aquí y ahora. Para aquellos que practican con el koan *mu*, esto está asimismo en la base de la empresa en la que se han embarcado. En la práctica de este koan, inhalamos y exhalamos *mu*, nos sentamos con *mu*, nos erguimos con *mu*, caminamos con *mu*, hasta que llegamos a un punto en el que nos disolvemos en *mu*. Y cuando esto sucede, ya no soy *yo* el que respira, el que se sienta, el que camina. Sólo *mu*. Cuando *mu* se manifiesta, nos damos cuenta de que hemos entrado en el reino de la vida eterna.

En la parábola citada se nos dice que la clave a la vida eterna está en seguir este santo mandamiento: "Ama a Dios tu Señor con todo tu corazón, con toda tu alma, con todas tus fuerzas y con toda tu mente." Para aquellos de nosotros que han sido educados en la tradición cristiana, estas palabras suenan tan familiares que tienden a pasar inadvertidas, entrando por un oído y saliendo por el otro. Pero en esta ocasión preguntémonos: ¿qué es lo que nos está pidiendo realmente este mandamiento? ¿Este amar a Dios con toda nuestra mente, supone algún tipo especial de actividad, alguna forma especial de pensar o de sentir?

O tal vez debemos formular esta pregunta de otra forma, mientras echamos un ojo a las tareas que ya tenemos frente a nosotros y que debemos retomar día con día: ¿Cómo amamos a Dios con toda nuestra mente y todo nuestro corazón y todo nuestro ser, digamos, mientras manejamos un automóvil? ¿O cómo amamos a Dios cuando lavamos los trastes (o los ponemos a secar), cuando esperamos en la fila de una oficina de correos, o cuando empujamos el carrito del supermercado hacia el coche? ¿Cómo amamos a Dios mientras dormimos? ¿Cómo amamos a Dios de esa manera cuando nos comunican que tenemos cáncer o cuando padecemos un terrible dolor debido a una enfermedad o accidente?

La secreto aquí es que "amar a Dios con todo nuestro corazón, con toda nuestra alma, con todas nuestras fuerzas y con toda nuestra mente" no constituye una "actividad adicional" que realizamos por encima de todas las pequeñas cosas que hacemos día con día. ¿De qué se compone nuestro día? Nos levantamos, nos lavamos la cara, comemos nuestro desayuno, nos vamos al trabajo, nos reunimos con gente, etcétera. Al hacer todas estas cosas con toda nuestra alma, con todas nuestras fuerzas, con toda nuestra mente, la pregunta sigue en pie: ¿cómo amamos a Dios? En pocas palabras, el "Dios" al que nos referimos cuando decimos "amar a Dios" no es algo que esté "allá en lo alto", ni siquiera que esté "aquí adentro" y que sea el "objeto" de nuestro amor. ¿Qué se quiere decir, entonces, con esta frase de "amar a Dios"? Otra pregunta que podría aclarar ésta es: ¿Qué significa "vivir el zen" en el contexto de los diversos eventos y encuentros de nuestra vida diaria, tales como lavarnos la cara, tomar el desayuno, reunirnos con gente, entre otros?

Y siguiendo con la pregunta: ¿De qué se trata finalmente la vida eterna, y dónde se le va a descubrir mientras seguimos adelante con estos eventos particulares de nuestro vivir diario? Tal vez lo que nos impide "ver" lo que todo esto nos está revelando es que todas estas cosas las realizamos *no* con toda nuestra alma ni con toda nuestra fuerza ni con toda nuestra mente. Proseguimos con nuestras vidas en un semisueño, sin saber muy bien hacia dónde vamos, jalados en distintas direcciones y constantemente asediados por una voz interna que nos increpa: ¿es que no hay nada más que *esto*?

Aquellos de nosotros que podemos escuchar esta voz y tomarla en serio somos los que escuchamos el llamado a darnos un poco más de libertad de acción en la vida, a estar en silencio, a ver dentro de nosotros mismos, y tal vez a aventurarnos en el zazen. En ese contexto, tal vez comencemos, poco a poco, a abrirnos a la posibilidad de eliminar los estorbos de nuestras vidas y escuchar a –y desde– el centro de nuestro ser. Y esto nos puede, a su vez, abrir al despertar.

Ahora revisemos la segunda clásula del mandamiento: "Y ama a tu prójimo como a ti mismo." Esto es una consecuencia del todo natural de la primera cláusula, según la cual debemos amar a Dios con todo nuestro corazón y nuestro ser. Al amar a Dios con todo nuestro ser, podemos experimentar "amarnos a nosotros mismos" de una manera completamente distinta. Al "amar" de esta manera, con cada respiración, cada paso dado, cada acto, cada encuentro de nuestra vida diaria, tal vez surja la pregunta: ¿Quién está amando? ¿Quién está siendo amado? La pregunta podría abrirnos a un horizonte totalmente nuevo en nuestras vidas. Es decir, tal vez entreveríamos una realidad que sólo se lograría expresar diciendo: amar es el amar mismo(¡!). ¿Qué quiere decir esto? Esto ahora suena como una afirmación redundante, algo así como "vivir el zen" resulta redundante, o tautológico. Ya que, visto de cierta forma, el "vivir" no es otra cosa sino zen, y viceversa: el "zen" no es otra cosa que vivir.

Desde la perspectiva antes descrita, nuestro "prójimo" aparece bajo una luz completamente nueva. Ya no es más "aquella *otra* persona con la cual debo ser bueno", o alguna otra designación por el estilo, sino alguien que está incluido en ese círculo del amor que se ama a sí mismo. Así como vemos a nuestro prójimo no como algo aparte de nosotros, sino abrazado en ese círculo de amor en el que nosotros mismos estamos abrazados, así también abrazamos al prójimo con toda nuestra alma, con toda nuestra mente, con todo nuestro corazón, con toda nuestra fuerza. Esto trae a colación otra redundancia, ya que desde la perspectiva antes descrita, es decir, la del amor amándose a sí mismo, "amar a Dios", "amarnos a nosotros mismos" y "amar a nuestro prójimo" son expresiones que apuntan hacia esa misma realidad dinámica en la que estamos envueltos de momento en momento, ¡en cada pulsación y respiración de nuestras vidas!

Pero de nuevo sentimos la necesidad de preguntar, como lo hace por nosotros el intérprete de la ley: ¿quién *es* nuestro prójimo? Y a manera de respuesta, Jesús cuenta la historia del viajero herido, el sacerdote, el levita y el samaritano.

Sin embargo, es necesario repetir que, si tomamos esta historia como mera instrucción de moralidad para ayudar a aquellos que requieren una mano, fácilmente pasaríamos por alto la sustancia del mensaje. Una lectura moralista tal nos arrincona en una mentalidad dualista, al separar el "yo que ayudo" del "otro que necesita ayuda".

Pero no es de esto de lo que está tratando este pasaje en su nivel más profundo. Aquí con encontramos con la palabra traducida al español como *compasión*. En griego (la lengua en que está escrito el Nuevo Testamento), esta palabra es *splanchnizomai*, que significa literalmente "ser conmovido hasta nuestras entrañas" (o, dicho de otra forma, "hasta lo más profundo"). Es decir, "ser conmovido hasta lo más hondo de nuestro ser". La raíz latina de la palabra *compasión* significa "sufrir con", que en griego se expresa en una forma un tanto "visceral" y fisiológica: "sentir el dolor de otro en nuestras propias entrañas". En resumen, el dolor de la persona que yace en el camino se siente como un dolor propio, un dolor que toca el núcleo de mi propio ser. Ya no se trata de estar montado en nuestro burro diciendo: "¡Ah, qué pena!

¡Pobre hombre! Ahora bajo y lo ayudo", como desde un punto de vista externo. El samaritano se "sintió conmovido, y sintió el dolor en su propia entraña". En ese instante pudo ver a través, y superar, la barrera entre el yo y el otro, y el dolor del viajero herido se manifestó como el suyo propio. Saltar del burro, tratar las heridas, hacer preparativos para el hospedaje y cuidado del hombre, habían sido las acciones más naturales. Así también, si me diera comezón en el brazo derecho, mi mano izquierda, sin pensarlo, se movería en su dirección y comenzaría a rascar, y al terminar de hacer su trabajo de aliviar la comezón volvería a hacer lo que estaba haciendo antes de la comezón. Y todo esto sin que la mano derecha "supiera" lo que la izquierda había hecho.

Hay un koan en el *Registro de la Roca Azul* que dice así: Yun-men le pregunta a Tao-wu: "¿Qué es lo que el Bodisatva de la Compasión hace con todas esas manos y ojos?" Tao-wu contesta: "Es como alargar la mano a mitad de la noche y acomodar la almohada."

Volveremos a este Bodisatva de la Compasión de las mil manos en un capítulo posterior, pero aquí nuestro interés está en la respuesta: una mano que se alarga para acomodar una almohada a la mitad de la noche. Es la mitad de la noche, la noche de la vacuidad, la noche del no saber. Uno duerme. En pocas palabras, no hay ni asomo de conciencia de uno mismo en todo lo que está pasando. Y a la mitad de todo esto, de alguna manera, mi almohada se resbala de su sitio y mi cabeza se desacomoda. De manera espontánea, mi mano se alarga para reacomodar la almohada, y me vuelvo a dormir. Eso es todo. Este koan está diciendo: "*Eso* es compasión."

Es importante que tengamos en cuenta que lo que el samaritano hizo no era una especie de buena acción "supererogatoria", o algún tipo de acción voluntaria, muy por encima y más allá de lo que exige el deber normal. Ni cruzó su mente la idea de que estaba llevando a cabo una "acción de caridad" para "otro", una acción meritoria que le sería retribuida a su debido tiempo en el cielo. Simplemente hizo, de manera inmediata, lo que era más natural dada la situación. Esto "más natural" es lo que hacemos espontáneamente cuando trascendemos la dualidad, cuando vemos "al otro" como alguien no separado de nosotros.

Entrar a este mundo de la no dualidad es lo que llega a suceder cuando nos sentamos en silencio en zazen. Una llave efectiva para entrar a este mundo es –y no deja de ser una paradoja– ¡el dolor mismo! El dolor del mundo, el dolor de mi prójimo, hasta el dolor de mis rodillas me invitan a sumergirme en este mundo de la no dualidad de una manera casi inmediata.

En esta parábola se nos muestra lo que "debemos hacer" para tener acceso a la vida eterna. Pero no se traduce en una receta para "ayudar a nuestro prójimo", aunque ciertamente no estamos diciendo que no deberíamos hacerlo. Lo único que "hizo" el samaritano fue actuar de la manera más natural y espontánea que hubiera podido después de superar la percepción dualista del "yo" y el "otro". Fue el dolor del viajero herido lo que, para usar un término del zen, se convirtió en la "palabra pivote" para el samaritano y abrió su corazón y mente a una acción iluminada, activando el poder de la compasión.

Cuando miramos a nuestro alrededor, el mundo aparece lleno de todo tipo de "palabras pivote" con el poder de abrir nuestros ojos a este mundo de la no dualidad. Los árboles, las montañas, el cielo, las piedras, los ríos, todos nos dicen: "¡Mírame, y *ve*!" ¿Los puedes oír? Para muchos de nosotros, cuyo corazón se ha ido endureciendo debido a la preocupación por uno mismo, o debido a expectativas idealistas que nos mantienen insatisfechos con lo que hay a la mano, o para aquellos de nosotros que han llegado a tomar estas maravillas como cosa dada, necesitamos que se nos tire de nuestro burro, por decirlo así, con una sacudida algo más brusca, como el muy real y concreto dolor de los árboles del Amazonas que están siendo talados, de las montañas que aplanan las compañías mineras para obtener los minerales ocultos bajo ellas, de la tierra que se contamina con desechos industriales. El dolor de los refugiados de países asolados por la guerra, el dolor de los niños hambrientos. El dolor de la gente hostigada o discriminada debido a su origen étnico o color de piel o género u orientación sexual. O el dolor de un amigo que ha perdido a un ser amado. En la última parte de la narración, Jesús pregunta: "¿Y quién crees que era el prójimo del hombre lastimado?" Y el intérprete de la ley le responde: "El que mostró misericordia." Y Jesús dice: "Ve y haz lo mismo."

No debemos interpretar esto como: "Ve e imita al samaritano. Haz lo que hizo el samaritano." Tomemos estas palabras de Jesús a manera de koan al que hay que ingresar con todo nuestro cuerpo y nuestra mente. Y si permitimos que este koan haga con nosotros lo que suele hacer un koan con un practicante del zen, tal vez nos encontremos derribados de nuestros burros de seguridades autocontenidas y lanzados a un mundo de no dualidad y de compasión, en el que por siempre mora el samaritano. La manera directa de hacer esto es escuchando el dolor del mundo. Pero no hay tal cosa como "el dolor del mundo" en abstracto. Comencemos por escuchar el dolor de la persona a nuestro lado. Esto es lo que podría convertirse en la palabra pivote que abra nuestros ojos a la vida eterna.

En la tradición católica, María, la madre de Jesús, nuestra bendita Madre, es el epítome de la persona iluminada que encarna la sabiduría de la no dualidad. Su canto en respuesta a la invitación que le hace el ángel Gabriel para que conciba a Dios en su propio cuerpo, es un canto conocido en la tradición cristiana como Magnificat. Esta canción manifiesta la claridad de la mente de María y la pureza de su corazón. "Mi alma engrandece al Señor. Y mi espíritu se regocija en Dios mi salvador. Pues Dios ha mirado y favorecido a esta su sierva en su absoluta pobreza" (Lucas 1:46-48). En su total vaciamiento, la gracia de Dios la envolvió de una manera que superó toda dualidad. Toda acción de María y de hecho toda su vida se convirtió así en manifestación de la gracia de Dios. La gracia de Dios expresó su plenitud en la vida de ella cuando llegó a su culminación en su propio cuerpo al concebir el sufrimiento de Jesús en la cruz. Al abrazar el sufrimiento de su propio hijo, María aceptó el sufrimiento de éste por todos los hombres y mujeres de todos los tiempos, en su propio cuerpo. En María encontramos una auténtica encarnación del mundo de la no dualidad y la *compasión*.

El samaritano del pasaje citado asimismo vivía en este mundo de la no dualidad. Recordemos el contexto social que presentan algunos estudiosos de las escrituras, quienes señalan que a los samaritanos se les veía con cierto desprecio entre la población judía de la época. A los samaritanos se les consideraba ciudadanos de segunda clase en dicha sociedad y padecían opresión y discriminación. Por tanto, el samaritano conocía en carne propia el dolor. Además, sabía lo que significaba ser despreciado y discriminado, y considerado "sucio". Dicho de otra forma, el samaritano de nuestra historia estaba bastante acostumbrado a vivir el dolor del mundo. Así que cuando vio a alguien tirado en el camino, presa de dolor, ya estaba dispuesto a hacer a un lado la barrera que lo hubiera hecho ver al viajero herido como un "otro", o peor aún, como un miembro de aquella clase social que oprimía a su propia gente samaritana. Una inmediata experiencia de unidad con aquel herido surgió en él de manera natural y espontánea, sin ningún "esfuerzo". La práctica del zazen nos puede ayudar a desarrollar nuestra propia naturalidad. Mediante la meditación sentada, nos volvemos más capaces de experimentar corporalmente el mundo de la no dualidad.

La experiencia de la no dualidad del filósofo judío Martin Buber aparece en el contexto de la observación de un árbol, como dice en su libro Yo y Tú. Hay muchas maneras de mirar un árbol, nos dice Buber. Lo podemos analizar, o tomar nota de su belleza física, su color, etc. Pero hay otra manera, prosigue. La manera está en *escuchar en silencio,* con lo que vemos al árbol como simplemente *Aquí.* Eso es todo. Ya no "yo" mirando el árbol, sino ¡sólo el árbol! Punto. Ni sujeto, ni objeto; sólo *árbol.*

Esto me recuerda otro koan de la *Barrera sin puerta* (caso 37). Un monje le pregunta con toda sinceridad a Chao-chou, el mismo del famoso koan *mu*: "¿Por qué vino Bodidarma del oeste?" Lo cual es otra manera de preguntar: "¿Cuál es el meollo del asunto en el zen?", o "¿Qué es la iluminación?" También podríamos reformular la pregunta así: "¿Qué es la no dualidad?" La respuesta de Chao-chou es simplemente: "El roble que está en el jardín."

Por supuesto, nada hay de especial en el árbol de la respuesta de Chao-chou. Lo mismo podría haber sido un pájaro, el tic-tac del reloj, el borboteo de una olla hirviendo. En el caso del samaritano, fue el dolor del viajero herido tirado en el camino. O, para volver al tema de antes, podemos interpretar la pregunta como: "¿Cómo podemos realizar la vida eterna?" El pasaje que hemos estado revisando nos da una clave: abre tu corazón al dolor del mundo. Escucha el dolor de tu prójimo. Tal vez sea aquí donde encontremos nuestro yo verdadero, y tal vez sea esta la forma de vivir la vida eterna.

Los cuatro votos del bodisatva

El bodisatva, o "buscador de la verdad", no es nadie más que cada uno de nosotros, en sincera búsqueda de nuestro ser verdadero, nuestro "rostro original". Al embarcarnos en esta búsqueda, tomamos una gran resolución que comprende cuatro puntos, a los que denominamos los "cuatro grandes votos". Hacemos esto al principio de nuestro camino a la práctica, y lo renovamos continuamente a lo largo del trayecto. De manera similar, los cristianos que siguen una vocación religiosa y que formalmente ingresan a una congregación hacen una serie de votos, a saber, el de pobreza, el de castidad y el de obediencia a sus superiores religiosos. Al profesar dichos votos, los religiosos abiertamente expresan su intención de vivir, ya no de acuerdo con sus caprichos o deseos individuales, sino enteramente de acuerdo con la voluntad de Dios, al servicio del pueblo de Dios.

A aquellos que se embarcan en el camino del bodisatva, a la búsqueda de la sabiduría verdadera que desemboca en la compasión, se les pide que profesen los siguientes cuatro votos:

Los seres sensibles son innumerables: prometo liberarlos.
Los engaños son interminables: prometo darles término.
Las puertas de la verdad son incontables: prometo franquearlas.

La senda de la iluminación es insuperable: prometo hacerla mía.

Al expresar así su gran decisión, los buscadores de la verdad manifiestan que su búsqueda de la iluminación no es sólo para una estrecha satisfacción propia o para su salvación individual, sino que persiguen la sabiduría para, y junto con, todos los demás seres vivientes. El bodisatva es, por tanto, alguien que busca la total liberación de todos los seres vivientes (un gran voto, sin duda, aunque más parecido a un "sueño imposible").

Algunos de nosotros nos preguntaremos: *¿Cómo puedo pretender liberar a otros si no he sido liberado yo mismo primero? ¿Cómo puedo iluminar a otros si no me ilumino yo primero?* Y estas preguntas son acertadas.

Sin embargo, este modo de preguntar viene marcado por un engañoso supuesto respecto de nuestra relación con los otros, con todos los seres vivientes: el supuesto de que estamos separados unos de otros. Y esto sólo lo podremos superar, real y efectivamente, en la experiencia misma de la iluminación, gracias a la cual comprendo que yo estoy en todos los seres vivientes y que todos los seres vivientes están en mí. La experiencia de la iluminación derriba la barrera entre yo y los otros. A quien se encuentre en una etapa previa a esta experiencia sólo le queda, por el momento, tener fe, a saber, en que todos los seres vivientes son uno, y que participan de una sola vida, una sola realidad.

En una vena similar, desde el punto de vista cristiano, aquel que quiere seguir la voluntad de Dios podría embarcarse en un viaje sin saber bien a bien qué implica tal decisión. Si es sincera su respuesta a dicho llamado, a esta persona sólo le queda vivir con la fe y la confianza de que, de alguna manera, "Dios me está guiando, paso a paso, por el camino". Este acto de fe está destinado a ser recompensado con la visión real de lo que promete, llegado el momento. Parte de la recompensa está en la comprensión de que Dios está con nosotros, amándonos, a cada paso del camino, no sólo "allá afuera" sino, en palabras de san Agustín, como "algo más íntimo a nosotros que nosotros mismos". El descubrimiento de que este Dios amoroso está presente en las profundidades de mi propio ser es lo que derriba la barrera entre yo y los otros, pues yo también caigo en la cuenta de que este Dios amoroso que me ama a mí también está ahí amando a mi vecino de la misma manera.

Ahora analicemos los cuatro votos del buscador de la sabiduría según el objetivo y contenido de cada uno de ellos.

Los seres sensibles son innumerables: prometo liberarlos

Este voto se refiere no sólo a todos los seres ahora vivos, sino al infinito número de seres vivientes que han existido desde principio de los tiempos así como a aquellos que existirán hasta el final del tiempo (independientemente de lo que se quiera entender con "final" o "principio" del tiempo).

En lenguaje del budismo, "seres sensibles" alude a los seres atrapados en este mundo de sufrimiento, o por decirlo de otra manera: seres sufrientes. Con este sentido implícito en dicha expresión, se nos llama a percibir la verdadera situación del mundo actual, con todo su caos y conflicto y sufrimiento.

Se nos llama a ser testigos de la situación en que se encuentran casi mil millones de seres humanos que están al borde de la inanición, y aquellos que carecen hasta del alimento más básico, vestido y casa, necesarios para vivir como un ser humano normal. Muchos luchan por sobrevivir bajo condiciones de injusticia y trato inhumano dentro de estructuras sociales opresivas, al tiempo que intentan reafirmar su dignidad como seres humanos ante tantos obstáculos estructurales y otros creados por el hombre. Se nos invita a abrir los ojos al sinnúmero de personas que participan o se ven arrastradas hacia luchas violentas y conflictos internos raciales, interétnicos, entre partidos, así como a los incontables individuos y familias forzados a dejar sus casas y países debido a la represión y a condiciones de vida insoportables, y que deben arreglárselas por sí solos como refugiados en las sociedades industrializadas del Occidente, donde mucha gente es hostil hacia ellos o, en el mejor de los casos, indiferente y los trata como "carga económica". Nos invitan a ver a ese sinnúmero de personas que sufren trato discriminatorio debido a su raza, su religión, su origen, su género y orientación sexual, o a alguna incapacidad.

Esta lista ni siquiera incluye todos esos sufrimientos psicológicos y espirituales de diverso género, que van desde la separación de seres queridos a todas las modalidades de angustia existencial y que pueden llevar incluso a individuos "privilegiados" a la desesperación y la desdicha.

La característica central de un ser sensible es, en verdad, esta capacidad para sufrir. Y no sólo la *capacidad* sino la realidad de *estar sufriendo*. Entonces, ¿en qué consiste exactamente el voto de este buscador de la sabiduría cuando él o ella promete liberar a todos los seres sensibles de su sufrimiento? ¿Es su intención erradicar el sufrimiento mismo y convertirse en un "arreglalotodo" que dará solución a todos los problemas del mundo? Actitud verdaderamente presuntuosa, ¡como si uno pudiera ser un redentor universal!

Un indicio de respuesta a esto se encuentra en uno de los tantos koanes "misceláneos" que se asignan después de haberse transpuesto la fase inicial de *mu*, y con los cuales el maestro busca confirmar y aclarar el paso del discípulo al mundo de la no dualidad. "Salva a un espíritu extraviado", dice uno de estos koanes. El punto medular del koan es que debe superarse la oposición entre yo y el espíritu extraviado, es decir, hacerse uno con ese espíritu en su viaje en busca de la salvación. Quien haya resuelto el koan se habrá dado cuenta de que el camino para salvar al espíritu extraviado es el mismo que habrá de tomarse para salvar del sufrimiento a todos los seres sensibles. Permítanme susurrarles una pista para aclarar el koan: para salvarlo, *uno debe estar totalmente unificado con ese espíritu viajero*. Esta experiencia de unificación es el momento mismo de la salvación que se está buscando. Pero el koan va todavía más allá, y aquí es donde mi pista debe terminar. ¿Cómo se salva a ese espíritu? Si uno ya ha entrevisto, de manera experiencial, el mundo de la no dualidad, la respuesta a esta pregunta deberá hacerse accesible desde el interior de uno mismo. Pero aquí cualquier posible respuesta conceptual queda bloqueada, ya que, por definición, está en la misma naturaleza de un espíritu extraviado al estar urgentemente necesitado de salvación. Así que uno acaba atrapado en una contradicción conceptual que sólo puede superarse mediante el ingreso en ese reino del nodos –ni no... ¡ni uno siquiera!

Una variación sobre este koan diría: "¡Salva a un niño que muere de hambre!" Si uno ya ha experimentado "salvar" de un espíritu extraviado, también se ha dado cuenta de que la "salvación" de un niño que muere de hambre no consiste simplemente en la repartición de alimento. Es algo que corta a través de nosotros, hasta el corazón de nuestro ser, y nos invita a zambullirnos en las realidades del hambre y la desnutrición y la inanición de este mundo nuestro.

El ya fallecido escritor espiritual Henri Nouwen nos ha señalado la figura del sanador herido en un conocido libro del mismo título. Se trata de un concepto que transmite justamente el punto que dicho koan nos invita a vivir en carne propia.

A fin de apreciar lo que este voto significa, los buscadores de la sabiduría deben primero derribar la barrera que los separa de ese niño moribundo, de todos los demás seres vivientes. Por medio de esta comprensión uno se abre a una perspectiva enteramente nueva de este mundo de sufrimiento y puede por ello actuar para salvar a los seres atrapados en él.

LOS ENGAÑOS SON INTERMINABLES: PROMETO DARLES TÉRMINO

Las pasiones y apegos engañosos son consecuencia de nuestra ciega ignorancia, que tiene su raíz en esta costumbre nuestra de aferrarnos a un ego ilusorio. Ésta es la causa primordial de todo el sufrimiento de los seres humanos. El ego ilusorio, que opera en el nivel individual, así como en todos los niveles –social, estructural, etcétera– de la red entrelazada de nuestro ser, es la causa directa de que millones de personas mueran de hambre hoy día en el planeta; es la causa fundamental de que haya estructuras injustas e inhumanas, luchas violentas entre facciones que dan lugar a guerras en diversos puntos, y la progresiva destrucción del medio ambiente, que amenaza la supervivencia misma de nuestro planeta. Todo esto –y, de hecho, todo el sufrimiento y la angustia de todos los seres humanos– tiene su último origen en el ciego y destructivo operar del ego engañoso –y nuestro apego a él–, el cual, en su ignorancia, se ve impelido a la persecución de estrechos intereses propios a expensas de los demás.

Los fuertes dominan a los débiles. Aquellos con poder político, económico y militar dominan a quienes carecen de él. Hay grupos e individuos que luchan por ganar control sobre dichos poderes. Y ésta es la historia de la humanidad, que se repite una y otra vez.

Las pasiones y apegos engañosos están tan profundamente arraigados en cada uno de nosotros que continuamente salen a la superficie, como mala hierba, y es por esto que se dice que son "interminables". Prometer extinguir éstos parece, de nuevo, un voto imposible de cumplir.

Pero, con el fin llevar a efecto dicha resolución, es necesario que nos demos cuenta de dónde está la raíz de estas pasiones y apegos que engañan. Ver esta raíz en el ciego operar del ego que separa y distingue mis intereses egoístas de los intereses de otros, que coloca su propio bienestar por encima y antes que el de los otros, es descubrir adónde debemos dirigir nuestro ataque. En pocas palabras, la clave para poner fin a lo interminable está en la erradicación de este ego, fuente de esa engañosa distinción entre yo y los otros, y causa de mi separación de los otros.

La práctica de sentarse en silencio es una forma concreta de ver con claridad y cortar luego a través de este ego ilusorio. Otra forma concreta conducente a lo mismo es la práctica con el koan *mu*. Conforme profundizamos en nuestro *samadhi*, durante la meditación sentada, el ego ilusorio se desvanece. Realizar *mu* es romper las cadenas del ego ilusorio y quedar abierto a un nuevo dominio, a una nueva libertad.

El cristiano que busca el cumplimiento de la voluntad de Dios en su vida a veces se sentirá sobrecogido por una comprensión de su propia pecaminosidad, o por un sentimiento de pequeñez. El reconocimiento de esto puede ser una muestra de honestidad y de genuina humildad en el practicante cristiano, pero, por otro lado, corremos el riesgo de ver obstaculizado nuestro camino hacia Dios. Este sentimiento de pecaminosidad y desmerecimiento llega a reforzar la noción de que estamos separados de Dios. Y a la inversa: esta noción sólo intensifica el sentimiento de pecaminosidad y desmerecimiento. ¿Cómo romper, entonces, con este círculo vicioso de separación?

Al reconocer mi pecaminosidad y desmerecimiento, me es posible confiar todo mi (pecaminoso e indigno) ser al misericordioso abrazo del amoroso Dios. Dicho de otra manera, al *confesar* mi pecaminosidad y desmerecimiento, y al confiarme a la misericordia de Dios, estoy en posibilidades de experimentar esta amorosa Presencia que me abraza *tal y como soy*. Derretido en este amoroso abrazo, soy aceptado, incluso en pecaminosidad y desmerecimiento, y perdonado. Por lo tanto, comienzo a re-conocer y recuperar mi verdadera y originaria naturaleza, "antes de la fundación del mundo –santo y sin culpa" (Efesios 1:3), solazándose a la luz de esta amorosa Presencia.

¿Cómo puede esta criatura pecadora e indigna ser, al mismo tiempo, santa y sin culpa? Esto se presenta ante nosotros como un koan más. Y una manera de aproximarnos a él es mediante unos versos que a menudo se recitan en los templos zen, y que se conocen como Versos de Purificación:

> *Ahora expío todo el karma nocivo de antiguo cometido por mí debido a la avaricia, la cólera y la ignorancia sin comienzo que han nacido de mi cuerpo, mi boca y mi conciencia.*

Reconocer que estoy sujeto a estas pasiones engañosas –la avaricia, la cólera y la ignorancia– es una faceta importante en mi descubrimiento de mi yo verdadero. El punto climático de estos versos está en las palabras "Ahora expío", es decir: ahora, en este momento que salta del tiempo lineal y toca la eternidad. Ahora me abro, para ser uno con todo. Y en el momento en que me percato de que soy uno con todo, me veo en posibilidades de asumir las consecuencias de estas pasiones, y responsabilizarme de ellas. Éste es el camino de la purificación: expiar las pasiones engañosas y sus frutos mediante el reconocimiento de que yo soy uno con todo.

LAS PUERTAS DE LA VERDAD SON INCONTABLES: PROMETO FRANQUEARLAS

La primera parte de este tercer voto proclama que todas y cada una de la miríada de cosas en el universo son potenciales accesos a la iluminación. Así, mediante este voto, el buscador de la sabiduría abre su corazón y mente con el fin de abrazar todas las cosas en el universo como puertas a su yo verdadero.

Un conocido pasaje de la colección de pláticas del maestro zen Dogen llamada *Shobogenzo* (El ojo del tesoro del verdadero darma), nos proporciona una clave para desentrañar el sentido de este voto:

> *Estudiar el camino del Buda es estudiar el yo. Estudiar el yo es olvidar el yo. Olvidar el yo es ser iluminado por las mil y un cosas del universo.*

En estas líneas, lo que se ha traducido al español como "estudiar" es el mismo ideograma chino/japonés del tercer voto que se traduce como "abierto". Una traducción más literal del voto sería: "Las puertas a la verdad son incontables. Prometo estudiarlas (o aprenderlas) todas." Así, si toma como guía el pasaje de Dogen, el buscador puede penetrar por la puerta de la verdad mediante la consideración de cualquier fenómeno en particular, cualquiera de las incontables (mil y un) cosas contenidas en el universo. Podría tratarse de un árbol, una montaña, una partícula de polvo, o el gorjeo de un pájaro, el ladrido de un perro. También podría tratarse de nuestra propia respiración, o incluso de un evento trágico como la muerte de un ser querido. Es decir, cualquiera de esta multiplicidad de cosas es susceptible de convertirse en la puerta de ingreso a la iluminación. Pero abrir y penetrar por cualquiera de estas puertas de la iluminación exige la total disolución de nuestra concepción del yo como algo separado de estas mil y un cosas y eventos. Dicho de manera más técnica, se trata de la disolución de la dicotomía sujeto-objeto que caracteriza nuestra conciencia ordinaria. Al ser superada esta dicotomía con la disolución del "sujeto que percibe", ¡oh, sorpresa!, también cesa como tal el "objeto percibido" (árbol, montaña, etcétera). ¿Qué sucede entonces?

Éste es el momento en que el camino del Buda se manifiesta con toda su claridad.

Dentro del contexto cristiano, la frase ignaciana de "encontrar a Dios en todas las cosas" parece resonar con la intención contenida en este tercer voto. Uno de los puntos culminantes de los ejercicios espirituales de san Ignacio es lo que se conoce como la "contemplación del amor divino". Este ejercicio se le ofrece al practicante en la culminación del proceso de los ejercicios, después de que él o ella han pasado por las arduas etapas de purificación de los pecados y de las tendencias a separarse de la voluntad de Dios, y de iluminación en torno al proceder divino en la historia a través de la contemplación de la vida, muerte y resurrección de Jesucristo, el bendito de Dios. En dicha etapa, el practicante está enteramente dispuesto a vivir su vida en conformidad con la voluntad del Dios amoroso. Este ejercicio invita al practicante a ponderar los elementos de la creación, comenzando con objetos inanimados, como piedras y guijarros, siguiendo con la vida vegetal, y de ahí, con la vida animal y humana.

Por ejemplo, un acceso a la profunda experiencia del misterio del ser podría presentarse en el simple acto de tomar un guijarro en la mano, sentir su textura, lanzarlo al aire y volverlo a atrapar (sin dejar de tomar nota de ese fenómeno conocido como "gravedad" que lo hace volver a mi mano), teniendo en cuenta el hecho de que es algo que "existe". O como ha sucedido con muchos poetas, tal vez se encuentre, en la contemplación de una flor, aquel ámbito que William Blake articuló en su poema:

Ver en un grano de arena el mundo
Y el cielo todo en una flor silvestre.

Tener el infinito en la palma de tu mano
Y la eternidad en una hora.

Este voto tercero también nos recuerda el hecho de que hay aquí una infinidad de cosas que aprender y dominar en el curso de nuestra búsqueda de la sabiduría. Los rudimentos de sentarnos, entre otros elementos introductorios, no son sino el preludio a un tesoro de aprendizaje inagotable. Y cada paso del proceso nos introduce al siguiente, con lo que uno se colma de creciente asombro conforme avanza dentro del laberinto, circulando hacia el centro.

En aquellos linajes del zen que utilizan koanes, los practicantes que han logrado cruzar la barrera inicial y de quienes se ha confirmado que han logrado un vislumbre de ese mundo de la vacuidad en una experiencia decisiva, serán confrontados, una y otra vez, con nuevos koanes, cada uno de los cuales es una puerta que deberá abrirse y franquearse. Cada koan presenta un aspecto reluciente de un cristal de múltiples caras y estratos. Un cristal infinito en conjunto pero con una medida inagotable de facetas que se nos ofrecen, una tras otra, a nuestra contemplación.

Si logramos mirar con detenimiento aunque sea sólo una de estas caras y logramos penetrarla, apropiándonos así de ella, nos hacemos de la llave maestra para abrir las demás. Asimismo, nos damos cuenta de que cada faceta refleja nada menos que nuestro propio rostro original.

Una vez abierta la primera puerta en este reino de innumerables puertas a la verdad, procedemos a acercarnos a ésta, de manera cada vez más honda, desde un sinnúmero de ángulos. Hay un dicho japonés: "Siempre hay algo más alto, algo más hondo", un viaje al infinito, pero en cuyo curso cada paso presenta la totalidad del infinito mismo.

Gregorio de Niza, escritor cristiano de los primeros siglos, tenía una expresión que de alguna manera expresa este maravilloso itinerario de puerta en puerta que revela más de esa insondable verdad, al señalar que nuestro destino final –a saber, la unión con la verdad infinita que es Dios– supone un viaje que nos lleva "de una gloria a otra".

La senda de la iluminación es insuperable: prometo hacerla mía

El voto de lograr el incomparable e insuperable camino de la iluminación es simplemente el de alcanzar la realización del yo verdadero de uno mismo. No estamos a la búsqueda de algo más allá de nuestro alcance en este momento. No estamos de viaje a algún lugar remoto.

Considérese este pasaje de los *Cuatro cuartetos* de T.S. Eliot:

No cesaremos en nuestro explorar
Y el fin de todo este explorar nuestro
Será llegar al punto del que partimos
Y conocer el sitio por vez primera.

Se encuentra justo frente a nosotros, *aquí, ahora*. Pero para arribar a este punto es necesario que nos embarquemos en un viaje interminable y azaroso. Interminable, pues no hay descanso. Llegar no significa abstenerse de seguir adelante, pues siempre hay mayores profundidades que sondear. Y es azaroso, pues hay gran cantidad de obstáculos y escollos en el camino. El ego engañoso asecha en cada esquina, a la espera de agarrarnos desprevenidos.

Pero recordemos la pista brindada por el maestro Dogen en el pasaje arriba mencionado, que resulta inestimable en relación con el tercer voto. La práctica de sentarse en silencio, de experimentar el *puro sentarse*, es una práctica de olvidarse de uno mismo. De modo similar, la práctica del koan *mu* es una práctica de olvidarse de uno mismo. En la práctica del zen uno aprende a abandonarse a sí mismo en cada respiración. Para aquellos que practican con el koan *mu*, lo que uno aprende es a abandonarse a uno mismo y rendirse a *mu*, y sólo a *mu*. ¿Qué más puede haber? Sólo el abandono de uno mismo en el momento presente, en el empeño actual. Olvidarse de uno mismo es simplemente abandonarse a uno mismo de esta manera a cualquier cosa que se esté haciendo, dondequiera que se encuentre uno, en toda situación en que se vea colocado.

El insuperable camino de la iluminación nos puede llevar a través de la noche oscura del alma. Ésta es una etapa en el camino hacia Dios, de acuerdo con el itinerario trazado por San Juan de la Cruz, en la cual no hay nada ante nosotros sino oscuridad, y más oscuridad. Persistir en nuestra práctica sentada en estos tiempos en que no sentimos ni rastro de consuelo espiritual puede resultar un proceso arduo, molesto, doloroso, una experiencia realmente dura. Pero, con el tiempo, nuestra persistencia da fruto. Al final del túnel el paisaje es transparente, como un campo nevado, brillando en todo momento, ¡el universo entero en un abrazo!

Esta "senda iluminada" no alude aquí a idea abstracta alguna del universo, sino a la base misma de nuestra vida diaria: cada paso, cada palabra pronunciada, cada mirada, la sonrisa en el encuentro casual, el café de la mañana, la carta por escribir, el piso a barrer, el vocerío de los niños que juegan en la calle.

Un koan de la *Barrera sin puerta* puede servirnos de ayuda. Se titula "La mente ordinaria es el camino":

> Chao-chou le preguntó a Nan-chuan: "¿Cuál es el camino?"
>
> "La mente ordinaria es el camino", respondió Nan-chuan.
>
> Chao-chou preguntó: "¿Debo esforzarme por encontrarla?"
>
> "Si te esfuerzas buscándola te separarás de ella", respondió Nan-chuan.
>
> "¿Cómo podré conocer el camino si no me esfuerzo en buscarlo?", persistió Chao-chou.
>
> "El camino no pertenece ni al saber ni al no saber. El saber es engaño, el no saber es mera confusión. Cuando realmente has dado con el verdadero camino que está más allá de toda duda, éste es tan vasto e inmensurable como el espacio exterior. ¿Cómo puedes hablar de él en términos de correcto e incorrecto?"
>
> Con estas palabras, Chao-chou alcanzó al instante la realización.

Cuando echamos un vistazo a la vida de los santos de la tradición cristiana, viendo a través de los adornos e idealizaciones que proporcionan los relatos hagiográficos, no deja de sorprendernos lo ordinarias que eran sus vidas. Ellos también despertaban por la mañana, hacían sus necesidades, se lavaban la cara, tomaban el desayuno, se afanaban en sus tareas del diario, se cansaban, les daba hambre, comían su cena, se iban a la cama. Humanos, demasiado humanos. Y se nos hace difícil creer lo que nos dicen los maestros de la vida espiritual: que esto es lo que constituye la sustancia del camino de los santos, la misma sustancia "ordinaria" que conforma nuestra propia vida.

Al irse abriendo los ojos de nuestros corazones a la amorosa presencia que abarca a todas y cada una de las cosas del universo, y en la que todo nuestro ser está inmerso de instante a instante, retornamos a donde siempre hemos estado (es decir, en casa en este mundo del diario, del irremontable misterio) y lo conocemos por primera vez.

Tal vez, al recitar estos cuatro votos, también entreveamos este irremontable camino, más allá del esforzarnos y el no esforzarnos, más allá del saber y no saber, y nos abandonemos totalmente en el acto de recitar:

Los seres sensibles son innumerables: prometo liberarlos.
Los engaños son interminables: prometo darles término.
Las puertas de la verdad son incontables: prometo franquearlas.
La senda de la iluminación es insuperable: prometo hacerla mía.

KWAN-YIN DE LAS MIL MANOS

¿Por qué son tantos los buscadores espirituales y devotos practicantes de la religión que se muestran desinteresados por los problemas sociales, la injusticia o la crisis ecológica que enfrentamos como comunidad global? Y no sólo los buscadores espirituales: ¿por qué es tan poca la preocupación de la población en general por los problemas de la sociedad y de la injusticia, y por el estado de nuestro planeta?

Es precisamente esta falta de interés, nos aventuramos a afirmar, lo que está *causando* el sinnúmero de problemas en la sociedad, así como todas las situaciones de explotación, opresión e injusticia. La indiferencia en torno a tales problemas le permite a las fuerzas de la avaricia, la ignorancia y el apego al yo, tanto individuales como corporativas y colectivas, mantener su dominio y seguir causando estragos en nuestro planeta. Incontables son las víctimas que a diario pierden la vida, muchos otros continúan viviendo explotados y deshumanizados, mientras que otros siguen adelante con sus vidas centradas alrededor de sus pequeños egos y sus estrechos círculos de interés: "mi carrera" o "mi éxito" o "mi familia; e incluso, tal vez, "mi iluminación" o "mi propia salvación" o "mi misión religiosa".

Mientras la iluminación o la salvación o, también, la misión religiosa, permanezcan confinadas dentro de las fronteras del ego individual o colectivo, seguirá habiendo un factor divisorio en la vida de uno que conjugará todos los problemas antedichos.

Si uno recurre al zen tan sólo para lograr un poco de "paz mental" o para "mi propia iluminación", y no se da en algún momento del proceso un vuelco radical en esta actitud, nuestra misma práctica del zen no pasará de ser una mera forma glorificada de actividad egocéntrica y, por lo tanto, algo engañoso y promotor de divisiones.

Hace poco conocí a un monje cristiano contemplativo estadounidense que me dijo que antes de ingresar al monasterio había sido un estudiante activista que se entregó en cuerpo y alma al movimiento pacifista durante las protestas estudiantiles de los años sesenta en Estados Unidos. Luego cayó en la cuenta de que estaba dando vueltas en círculo, sin llegar a nada, y que se estaba desgastando. Fue entonces que decidió entrar al monasterio y volverse contemplativo. Lue-go agregó que, a su sentir, estaba ahora haciendo su contribución a la paz precisamente por ser contemplativo, por permanecer fiel a la vida religiosa y orar por la paz y la justicia.

En una conversación le mencioné esto al hermano David Steindel-Rast, él mismo monje contemplativo de la orden benedictina y participante bastante activo en movimientos pacifistas que a menudo se ha visto en las primeras filas de las actividades a favor de los derechos humanos y en protestas antinucleares. Le pedí su punto de vista en torno a este tema. Voy a resumir brevemente lo que surgió de esta larga conversación con el hermano David, quien para mí sigue siendo fuente de inspiración y un ejemplo de vida iluminada.

El hermano David dijo que es verdad que uno puede participar en movimientos pacifistas, actividades a favor de los derechos humanos, y cosas por el estilo, tal vez con una gran dosis de sincera preocupación social e interés en el bienestar de los otros; pero subrayaba que esta participación a veces va acompañada de cierto grado de presunción moral o incluso de algún tipo de motivación egocéntrica, o bien de algún sentimiento de enojo o frustración ante el estado de cosas en la sociedad. En tal caso, uno necesita purificarse constantemente de estos elementos a fin de evitar que las acciones y las maneras de relacionarnos con otros resulten destructivas y divisorias. Un activista social sensible y sincero se da cuenta de esta necesidad de purificación y puede –y debe–, en este contexto, recurrir a la contemplación y la oración.

Además, la vocación contemplativa pertenece a una venerada tradición no sólo del cristianismo sino del budismo y prácticamente de todas las demás religiones importantes, y no es posible medir ni cuantificar con exactitud la entera y verdadera contribución de estos hombres y mujeres santos que han dedicado sus vidas a la oración y la contemplación.

Sin embargo, señala el hermano David, también es posible desarrollar *apego* a nuestra oración y contemplación y, por lo tanto, no lograr abrirnos a lo que Dios nos pide en una situación dada. "¡Váyase, no me moleste! Estoy en contemplación", podríamos decirle a Dios cuando éste se nos aparece en la forma de una persona que toca a nuestra puerta pidiéndonos agua para beber o nuestra firma para una petición. Podemos *institucionalizar* nuestra oración y contemplación y dejarlos convertirse en otro motivo de apego en vez de algo que libere.

Los frutos de una genuina contemplación, por otra parte, son precisamente lo que permite a uno liberarse totalmente de todo apego del ego y convertirse en un instrumento de paz más viable y eficaz. Esto es especialmente cierto en el caso de los cristianos de diversas órdenes religiosas, ya que están libres de preocupaciones familiares y están en posibilidades de actuar con mayor "agilidad" que otras personas. Así, continúa el hermano David, ya que no tiene que preocuparse por la familia o por su trabajo o reputación, puede colocarse con toda libertar al frente de una protesta pacifista o antinuclear sin temor a las consecuencias de un arresto: "Puedo orar y contemplar tan bien en una cárcel como en una celda monástica, o incluso mejor."

♦♦♦

En una ocasión, durante una conferencia religiosa internacional celebrada en Estados Unidos, me uní a una sesión de meditación *vipásana* dirigida por cierto monje budista theravada. El tema de la meditación se centraba en la generación de un sentimiento de bondad o empatía (*metta*) hacia todos los seres vivientes. Después de un buen inicio de sesión, en el que se nos pidió que pusiéramos atención en nuestra respiración, el monje nos sugirió que evocáramos un sentimiento de empatía, primero hacia nuestro propio cuerpo, sección por sección, desde los pies hasta la cabeza, y en seguida hacia otras personas que surgieran en nuestro recuerdo, y luego hacia un campo cada vez más y más amplio, hasta incluir a todos los seres vivientes del mundo entero, deseando su felicidad y bienestar.

La primera etapa de la meditación fue bastante satisfactoria. Nuestro monje-instructor posteriormente nos pidió que nos concentráramos en alguna dolencia que tuviéramos, como un dolor en la pierna o la espalda, y que simplemente *prestáramos atención* a ese dolor, sin hacer ningún tipo de juicio de valor acerca de él ni distraernos pensando "quisiera que desapareciera este dolor". Después de un rato, nos dijo el monje, lograremos aceptar el dolor como dolor, simplemente, y vivir con él, sin considerarlo sufrimiento. Es decir, si uno ya no asocia ideas tales como "el dolor es algo indeseable" o "necesito buscar alivio" –juicios basados en el apego al yo– con el hecho llano y "neutro" del dolor mismo, entonces el dolor deja de ser sufrimiento y se nos revela mera experiencia.

Este monje theravada a continuación nos dio un ejemplo concreto de cómo la meditación nos puede calmar, darnos tranquilidad y generar en nosotros sentimientos de empatía y compasión hacia todos los seres vivientes del universo. Sin embargo, después de la sesión me sobrevino una duda que no pude quitarme de la mente y que ahora lamento no haber planteado al monje en su momento. La pregunta a la que seguí dando vueltas en mi cabeza era la siguiente: si este tipo de meditación produce ese efecto de calmarnos, haciéndonos capaces de aceptar las cosas tal y como son sin inyectar en ellas nuestros egocéntricos deseos, está muy bien; sin embargo, ¿no nos insensibiliza también al sufrimiento –muy real– de los demás: los pobres, los hambrientos, los explotados, las víctimas de violencia –tanto estructural como efectiva– en este mundo nuestro? ¿No los estamos evadiendo con simples "sentimientos bondadosos" y "nuestros mejores deseos", desde un eufórico estado "contemplativo" propiciado por nosotros mismos? Dicho de otra forma, ¿no tiende este tipo de práctica a extinguir esa pasión por la justicia, esa justa indignación ante el sufrimiento de nuestros congéneres, y por lo tanto a convertirse en algo así como agua fría vertida sobre el fuego con el que Jesús quería hacer arder al mundo entero?

Más tarde, y como para confirmar mis sospechas, me enteré de que el monje que había dirigido la sesión de meditación antes descrita, si bien admirado y respetado por muchos por su incuestionable autodisciplina y la bondad y delicadeza de su trato con los que lo rodean, había sido criticado en otra reunión religiosa debido a cierta falta de interés y sensibilidad respecto de algunos temas sociales que habrían despertado preocupación en cualquier otra persona de la zona en que se situaba su templo.

Pero, por fortuna, un segundo monje theravada que conocí en Tailandia disipó mi incipiente desilusión con la práctica *vipásana* de meditación.

Conocí a este segundo monje cuando (una vez más) me uní a una sesión de meditación *vipásana* que él estaba dirigiendo para un grupo de estudiantes activistas y trabajadores sociales de Bangkok. No cumplidos aún sus cuarenta años de edad, el monje nos contó sobre cómo él mismo había sido dirigente estudiantil durante la agitada época en Bangkok a principios de los años setenta. Llegó a un punto en su vida en que lo que más quería era entregarse totalmente al pueblo, de la mejor manera posible, y tuvo que tomar una decisión entre irse a las montañas a unirse a la guerrilla comunista o convertirse en monje budista. Escogió la última opción, convirtiéndose en discípulo del ya reconocido monje Buddhadasa biku, que vive en el sur de Tailandia en una semi-contemplación y recibe a toda aquella persona que desee unírsele en meditación *vipásana*. En el momento en que nos conocimos, después de muchos años de práctica, el monje ya podía dirigir a otros en meditación y había escrito diversos libros en tai sobre temas relativos a la meditación y la participación social.

"Mi esperanza ha sido, por un lado, lograr que practiquen *vipásana* mis amigos activistas de los barrios bajos de Bangkok y del campo, y, por el otro, lograr que mis colegas monjes se vayan a los barrios bajos y al campo para conocer a la gente y enterarse de su situación." Y eso es justamente lo que ahora está haciendo: dirigiendo sesiones de *vipásana* especialmente para aquellos que están involucrados en tareas de cambio social, y llevando a monjes a los barrios bajos y con los campesinos pobres para conocer de cerca de gente comprometida con tareas de acción social, a fin de lograr un intercambio estimulante.

Este segundo monje se mostraba él mismo bastante activo brindando apoyo a un centro de desarrollo budista-cristiano en Bangkok y, al lado de aquellos que trabajan en dicho centro, vislumbra un futuro para el pueblo tai que les permita hacerse refractarios a los efectos destructivos del consumismo occidental mediante un retorno a sus propias raíces culturales y religiosas, a los valores básicos del budismo de respeto a la vida y la naturaleza.

Para este monje, la práctica de la meditación, lejos de insensibilizarlo hacia el sufrimiento y dolor reales de los otros, agudiza su conciencia de tales realidades y le proporciona el dinamismo interior que le permitirá cumplir con las múltiples tareas que le exige la reconstrucción de la sociedad.

♦♦♦

¿Cuál es entonces la diferencia entre una práctica meditativa o contemplativa que hace que uno se vuelque en uno mismo en un estado de autosatisfacción semieufórica, y la que nos vuelve más sensibles a la realidad del dolor y el sufrimiento del mundo y a nuestra situación dentro de ese mismo dolor y sufrimiento, y que nos impele hacia una participación más profunda en la esfera social?

Voy a contestar desde la perspectiva del zen:

Ya he mencionado que existen tres frutos de la práctica del zen: *1*) el desarrollo del poder de concentración; *2*) el logro de la autorrealización, o iluminación; y *3*) la actualización o personalización de esta iluminación en cada aspecto y dimensión de nuestro ser total y nuestra vida diaria. Ahora, si uno toma el primer fruto y centra su zen en el desarrollo del poder de concentración, después de cierto tiempo notará, en efecto, un cambio en su percepción de las cosas. Como resultado natural del esfuerzo de sentarnos y de hacer más aguda nuestra conciencia, somos más capaces de sentir la plenitud de nuestra vida, de tener un sentimiento más pleno de nuestra existencia cotidiana y de apreciar los pequeños eventos que se dan alrededor de uno, de ser incluso más considerados y cuidadosos y amigables con todos los seres que se cruzan en nuestro camino.

Pero sin la realización del segundo fruto, todos estos "resultados naturales" del esfuerzo que implica sentarnos en meditación dejan en el aire aún ciertas interrogantes básicas sobre la existencia, las preguntas básicas sobre la vida y la muerte: *¿Quién soy yo? ¿Cuál es mi destino final? ¿Cómo debo relacionarme con mis vecinos, con el mundo?* Tales interrogantes permanecen sin responder y no se resuelven por medio de la mera concentración.

Lo que verdaderamente libera a uno de ese egocentrismo fundamental y nos conduce a la realización de la naturaleza vacía de todas las cosas y de la interconexión de todas las cosas en su vacuidad es la penetración en el yo verdadero de uno mismo, el relámpago de visión dentro de la naturaleza original de uno mismo. Es esta realización la que verdaderamente da sosiego a nuestra mente y corazón, a nuestro ser total, la que nos libera del miedo a la muerte y del aferramiento a la vida. Y es a través de esta misma experiencia que puedo ver el verdadero fundamento de mi relación con mi vecino, con la sociedad, con el mundo entero.

En terminología cristiana, esta experiencia de iluminación es la realización de nuestro ser en tanto "engarzado" en la totalidad del cuerpo de Cristo: "Éste es mi cuerpo, que por vosotros es dado" (Lucas 22:19). Así: "Nosotros, aunque muchos, uno somos en el cuerpo de Cristo, y cada cual, por separado, miembro el uno del otro" (Romanos 12:5). No es sólo "consecuencia lógica" el que me vea incluido en el sufrimiento de los otros, sino una *exigencia interior inevitable*; ese dolor ¡es el mío propio!

Esta unidad con todos los seres vivientes en sus "alegrías y esperanzas, penas y ansiedades", y especialmente con "aquellos que son pobres o sufren alguna aflicción" (*Gaudium et Spes*, núm. I, *Documentos del Segundo Concilio Vaticano*), no es sólo un piadoso lugar común sino que constituye un aspecto central de nuestro modo de ser, el cual impregna cada aspecto de nuestra vida cotidiana.

Así, el tercer fruto del zen consiste en el proceso de dejar que esta realización impregne nuestra existencia entera. Como se mencionó antes, la práctica de sólo sentarse, así como la de los koanes, se encamina hacia esta impregnación.

Por lo que respecta a esto último, cada koan se refiere a una faceta particular y concreta de la existencia, que lo hace a uno volver a la raíz misma de la experiencia de la iluminación. A través del koan se nos invita a vivir de manera directa nuestra unidad en el ser con, digamos, un perro, un gato, una vaca o las estrellas del cielo, un arroyo que corre, una montaña. Pero debo detenerme, so pena de revelar demasiado de lo que sucede en la entrevista con el maestro zen. La idea central es que el ejercicio del koan en el zen pule el ojo interno para hacer posible la unión íntima con toda situación que se nos presente, y para poder responder ante dicha situación, no a partir de algún tipo de pensamiento o ideología o un bien tramado conjunto de normas, sino de una percepción inmediata de la fuente misma de mi ser y en la manera en que la situación lo exige. Como dicen los evangelios: "Tenía hambre y me diste de comer; tenía sed y me diste de beber; yo era un extraño y me invitaste a pasar" (Mateo 25:35).

Esta manera de responder ante cada situación de la vida diaria aparece representada en la imagen de Kuan-yin de las Mil Manos. Kuan-yin, también conocida como Kannon o Kanzeon en japonés –y que literalmente significa "el que escucha los lamentos del mundo"–, es la bodisatva por excelencia en el budismo, la cual en su iluminación percibe la vacuidad de toda la existencia. Por cierto, en el sánscrito original, Avalokiteshvara es de género masculino; sin embargo, este bodisatva fue adoptando, más tarde, en China una forma andrógina y, posteriormente, femenina, y encarnando el aspecto de la compasión que naturalmente fluye desde la sabiduría de la iluminación.

Las mil manos de Kuan-yin representan la manera en que acaricia y las innumerables formas de su compasión ante todo tipo de situaciones en nuestras vidas. Y si miramos más de cerca, cada una de estas mil manos está llamada a cumplir con una función específica, tal como, entre otras, poner coto al miedo, acabar con el mal, luchar contra enemigos de la justicia, ahuyentar a los demonios, aliviar fiebres y todo tipo de enfermedades, poner en movimiento la rueda del darma y canalizar el impulso religioso interno de los seres humanos que les permite ver la fugacidad de la existencia y los anima a buscar la sabiduría de la iluminación.

La bodisatva también aparece representada con once caras, lo que alude a su habilidad para ver en todas direcciones. En resumen, independientemente de la situación de sufrimiento, enfermedad, apuro o necesidad en que se encuentren los seres vivos, la bodisatva "da la mano" de manera tal que responde a lo que exige la situación: "Tenía hambre y me diste de comer; tenía sed y me diste de beber; era un extraño y me invitaste a pasar."

La figura idealizada de Kuan-yin ha sido objeto de devoción de distintas tradiciones budistas. En las comunidades en que se practica el zen también se manifiesta devoción por ella, ya que solemos colocar su imagen en plataformas elevadas, la adornamos con flores, ofrecemos incienso y nos postramos ante ella. Pero desde la perspectiva del zen, un importante recordatorio es que, se nos dice, Kuan-yin no está "ahí afuera", sobre la alta plataforma, sino que todos y cada uno de nosotros somos Kuan-yin. Nuestra práctica zen es la vía por la cual descubrimos cómo ser Kuan-yin, o cómo actualizar la realidad de Kuan-yin en nuestras vidas.

En la tradición cristiana, muchas culturas veneran, de manera diversa, la figura de María, madre de Jesús y, por ende, madre de Dios. Una oración que se suele entonar es el Ave María, la cual ensalza las virtudes de María y solicita su intervención a lo largo de la vida del devoto, especialmente a la hora de la muerte.

María es, para los cristianos, la encarnación misma de la compasión. Hay una conmovedora escena en la que ella se postra al pie de la cruz de su hijo Jesús, sobrecogida por la pena y haciendo suyo el dolor de su hijo amado. La escena ha sido un motivo recurrente en obras de arte, desde pinturas hasta poemas. La famosa escultura conocida como la Pietá, de Miguel Ángel, también representa a María y su dolor cuando lleva en brazos el cuerpo sin vida de Jesús. En pocas palabras, María encarna la compasión que llora al lado de todos los seres en su aflicción, llevando a cuestas, junto a su hijo Jesús, todo el dolor del mundo.

El Segundo Concilio Vaticano publicó un documento sobre María, madre de Jesús, en el que, si bien seguía sosteniendo las tradicionales doctrinas teológicas y prácticas piadosas respecto de María, también resaltó un elemento altamente revelador. Además de ser una figura susceptible de veneración, afirmaba el documento, María debe ser tomada como modelo por todos los cristianos, como encarnación del tipo de vida que todo aquel que se considere seguidor de Cristo debería vivir. Dicho de otro modo, lo que aquí se está pidiendo es que, así como se adora la imagen de María, también se *sea* María, encarnando en la vida de uno mismo todo lo que María significa.

Así como la figura de María encarna todo lo que un cristiano está llamado a ser, así también Kuan-yin de las Mil Manos encarna el modo de vida de aquel que ha alcanzado el último fruto del zen. Éste es un modo de ser que ha experimentado un total vaciamiento de sí mismo, una total liberación, mediante la cual todo nuestro ser se entrega a los otros conforme se nos presentan en sus respectivas situaciones difíciles. "Éste es mi cuerpo, que entrego a ti."

Experiencia zen del misterio triuno

Debe quedar claro desde un principio que el zen como tal es no teísta, es decir, no se ocupa en absoluto de la noción de Dios o del problema de su existencia o no existencia. Antes bien, su atención –como la del budismo en general– se centra en la resolución de un problema fundamental de la existencia humana, a saber, lo que en esta tradición ha sido caracterizado como *duka*: insatisfacción.

En el presente capítulo, nuestra tarea consiste en escuchar, con atención y cuidado, lo que el zen tiene que decirnos acerca de su comprensión de la *existencia humana*. A partir de esto podremos aventurar algunas reflexiones sobre lo que tal comprensión implica para aquellos que desean "hablar sobre Dios", es decir, abordar asuntos *teo-lógicos*. También haré un breve resumen de algunos puntos sobre el zen que ya toqué en los capítulos precedentes.

Zen: la vida despierta

Al zen lo definen cuatro características esbozadas según la tradición por Bodidarma, el asceta barbón y de ojos desorbitados que aparece representado en muchas obras artísticas y a quien se debe la introducción de este tipo de práctica meditativa desde la India a China en el siglo VI de nuestra era.

La esencia del zen ha quedado expuesta en los siguientes versos atribuidos a Bodidarma:

Es una transmisión especial fuera de las escrituras,
Independiente de palabras o de letras;
Un directo apuntar a la mente del hombre,
Viendo dentro de la naturaleza propia, es perfecto despertar.

Así, repetidamente se subraya que el zen no es una doctrina ni una filosofía que pueda exponerse o de la que sea posible dar cuenta en términos verbales o conceptuales, sin más bien una praxis y una ruta de vida centrada en la experiencia de "ver dentro de la propia (verdadera) naturaleza" y, de ahí, "despertar", o, dicho de otro modo, convertirse en un buda o "uno que ha despertado".

Hay tres "momentos" en este modo de vida que examinaremos en las tres siguientes subsecciones.

Vaciamiento de la conciencia egóica

La esencia de este modo de vida es la práctica de la meditación sentada, o zazen. El zazen es el punto a partir del cual se revela todo aquello que persigue el zen, el fulcro de una vida despierta. Esta variedad de meditación consiste en sentarse (ya sea en un cojín o en una silla baja) con la espalda erecta, las piernas dobladas, los ojos abiertos y, ya en esta postura, respirar profunda aunque con regularidad, dejando que la mente se vaya asentando en el aquí y ahora.

El punto nodal del zazen está en el vaciamiento de la conciencia del ego, en desechar esa modalidad del pensamiento que divide a nuestro ser en sujeto y objeto, en el que ve y lo visto, en el que escucha y lo escuchado, en pensador y pensamiento, en el yo y lo otro, así como en todas las otras oposiciones con que nos encontramos en la vida: nacimiento y muerte, placer y dolor, bien y mal, aquí y allá, ahora y entonces. Dicho de otro modo, en el zazen el practicante se introduce en un proceso que culmina con un total autovaciamiento. Conforme nuestra práctica madura se van superando las oposiciones y uno llega a un estado de atención pura (*samadi*). Tal estado de lucidez lleva también el nombre de "no pensamiento".

Sin embargo, no debe confundirse dicho estado con distracción, o absoluta pasividad o pérdida de la conciencia. Por el contrario: es un estado que supone una total entrega al acto de sentarse. Considérese el siguiente pasaje, tomado de los escritos de Dogen, maestro zen japonés del siglo XIII:

> En cierta ocasión, cuando el gran maestro Hung-tao de Yueh-shan estaba sentado en meditación, un monje le preguntó: "¿En qué está pensando, sentado así tan inmóvil?"
>
> El maestro le respondió: "Estoy pensando en no pensar."
>
> El monje le preguntó: "¿Cómo se piensa en no pensar?"
>
> El maestro contestó: "No pensando."

No abordaremos aquí las minucias técnicas referentes a el ya antiguo debate sobre este asunto del "no pensar". Simplemente señalaremos que no se trata ni de una suerte de introspección –en la cual el sujeto se vuelca hacia adentro pero de modo que aún tiene presentes objetos mentales– ni de una interrupción de las facultades de la mente. Existen descripciones bastante penetrantes sobre este asunto en el libro *The Arto f Just Sitting: Essential Writings on the Zen Practice of Shikantaza*, editado por John Daido Loori. En este estado de conciencia, uno supera el modo de pensar normal basado en la separación sujeto-objeto para llegar a una conciencia de puro *estar siendo*.

Retorno al mundo de lo concreto

La conciencia del puro estar siendo no es algo que tiene lugar en un vacío, sino en y a través de las muy concretas condiciones históricas que rodean nuestra práctica del zazen. No se trata de una experiencia "extra-corporal" sino de un evento eminentemente corpóreo enraizado en las realidades históricas específicas de nuestro ser. Y sin embargo, estando en este preciso punto, en este preciso momento, todas las fronteras del espacio y el tiempo se vienen abajo, pues no hay "sujeto" alguno en pie, o sentado, cara a cara con un lugar objetivo dado, ni un tiempo anterior o posterior que un sujeto dado pudiera medir o contabilizar.

Con el vaciamiento de la conciencia egóica, el "objeto" del que uno normalmente es consciente también queda vaciado, y por lo tanto ya no hay nada "allá afuera" que ver, o escuchar, u oler, o saborear, o tocar. Ya no hay nada en absoluto "allá afuera", como tampoco hay nada "aquí" que asome hacia el exterior y vea.

Esta experiencia de vaciar la propia conciencia egóica desemboca en una del todo *nueva dimensión*, a la cual ninguna descripción verbal puede hacer justicia (es decir, algo que sea "independiente de palabras o de letras). Y, sin embargo, como antes se señaló, esto no tiene lugar en un vacío o en un dominio extraterreno, sino aquí mismo y ahora mismo. Como tal, es una experiencia que supone un giro completo hasta un segundo "momento", con la recuperación de nuestro estar siendo encarnado.

Considérese el siguiente koan:

> Chao-chou, con toda sinceridad, le pregunta a Nanchuan: "¿Cuál es el camino?"

Nanchuan contesta: "Tu mente ordinaria es el camino."

Mi maestro zen, Koun Yamada, dice respecto de este koan: "No es nada más que nuestra vida normal de todos los días. Es tan sólo levantarte, lavarte la cara, tomar el desayuno, ir al trabajo, caminar, correr, reír, llorar; las hojas de los árboles, ya sean blancas, rojas o púrpuras. Es nacer, es morir. Ése es el camino."

Pero hay una diferencia: ya no se trata de levantarnos, lavarnos la cara, etcétera, de la manera en que solemos llevar a cabo este tipo de acciones bajo la tutela de nuestra conciencia egóica. Las hojas de los árboles, las flores del campo, ya no están "ahí afuera" como objetos de nuestra conciencia. Por el contrario, todas estas actividades se convierten en expresiones consumadas de esa pura conciencia de estar siendo, vaciados de toda conciencia egóica pero sin dejar de estar inmersos en la realidad histórica concreta.

En pocas palabras, *los objetos se han vaciado de su objetividad*, se han vaciado del acto de percibir, y asimismo son vistos como la manifestación concreta del hecho puro mismo, no objetivado, inmaculado, inigualable, tal como es.

La iluminación zen supone, pues, un "momento" en que la conciencia egóica se vacía, y un "momento" de retorno a la realidad histórica concreta. Éstos no son, sin embargo, eventos separados que se suceden el uno al otro en tiempo lineal, sino que, aunque distinguibles, pueden ser simultáneos e intemporales.

Existe un tercer "momento" que, desde el punto de vista de la experiencia de la iluminación en el zen, caracteriza a la existencia humana. Se trata de un aspecto que sólo podríamos comenzar a describir como una inmersión en el mar de la compasión.

El mar de la compasión

Entre la colección de koanes de nuestra tradición Sanbo Kyodan que se dan al practicante que ha manifestado una experiencia de vaciamiento y retorno a la forma encarnada –como se resumió anteriormente–, hay uno que dice así:

> *En el mar de Ise, a diez mil pies de profundidad, yace una piedra.*
> *Quiero recoger esa piedra sin mojar mis manos.*

La única manera de solucionar este koan es estando verdaderamente vacíos de yo, y como alguien que está preparado para sumergir todo su ser en las profundidades de ese mar de Ise, debajo del cual yace la preciosa pierda. A aquella persona capaz de manifestar esta prestancia, y por lo tanto de sumergirse en el mar y recoger esta piedra "sin mojar sus manos", se le habla de sus dos maravillosas cualidades, que de hecho son elementos del propio ser verdadero de uno mismo: primero, nunca puede mojarse; luego, nunca puede secarse. ¡Qué maravilla! ¡Qué misterio! La primera cualidad –el que nunca puede mojarse– nos remite a esa dimensión que podríamos denominar "impasibilidad", es decir, impermeabilidad a toda influencia del exterior, al sufrimiento o el dolor. ¿Cómo es esto? ¡Está totalmente vacía! Nada hay que se moje, nada afuera con qué mojarla. Darnos cuenta de este aspecto de nuestro ser verdadero es la clave a la total liberación del sufrimiento. En la tradición cristiana, la doctrina de la impasibilidad de Dios es un elemento esencial para entender la noción de Dios. A Dios se le concibe como el Uno que está más allá de todo sufrimiento y dolor, imperturbado por todo lo que no sea Dios.

La segunda cualidad, que parecería ser una contradicción directa de la primera, se refiere a la dimensión de la con-pasión. Esta maravillosa piedra nunca puede secarse, ya que siempre estarán manando de ella lágrimas de compasión, mientras haya seres sensibles que sufran o luchen contra la avaricia, la ira y la ignorancia, los tres venenos que nos mantienen empantanados en el sufrimiento.

Así, se considera que la vida iluminada alcanza su fruición en un tercer "momento". Una vez transpuesta la barrera que divide a uno de otro, uno despierta como si estuviera sumergido en un insondable mar de con-pasión (literalmente, "padecer con"), encontrándose en cada respiración unido con todos los seres sensibles en este destino común de los seres sensibles. Este mar de compasión es la matriz que nutre a quien ha despertado y lo infunde con fuerza para llevar a cabo tareas concretas en el mundo histórico.

UN MISTERIO TRIUNO

El modo de la vida y la práctica del zen como tal no hace referencia de manera explícita a la noción de Dios, ni necesita de esta noción en su articulación dentro de la tradición zen. Nuestra pregunta, pues, es la siguiente: ¿qué podemos aprender de la vida y la práctica del zen que pudiera contribuir a un posible esclarecimiento de la existencia cristiana, dentro de la cual la noción de Dios es en verdad primordial?

Desconocido e incognoscible misterio

El primer momento en la práctica del zen es el ingreso a una dimensión que, por un lado, está vacía del ego poseedor del hábito de querer asir. A esta dimensión se le describe como un estado de *total ceguera* (desde el punto de vista del sujeto), y también como un estado de total oscuridad (desde el punto de vista del objeto). Es el ingreso a una dimensión al final desconocida e incognoscible (es decir, en tanto "conocimiento" denota un asimiento de alguna realidad objetiva por parte del sujeto consciente). Si hablar de Dios, o teologizar, tiene algún sentido en este contexto, éste se encuentra en la afirmación de que Dios es, en un sentido último, desconocido e incognoscible, no objetivable, *in-imagin-able*, y al cual ninguna descripción verbal o formulación intelectual puede acercársele. Es una dimensión insondable que, en las palabras de la ya fallecida escritora espiritualista Thelma Hall, resulta "demasiado profunda para las palabras"; es una dimensión que, siguiendo a San Agustín, "me es más íntima a mí que yo mismo".

Iluminado como nueva creación

Pero si uno se detiene sólo en este primer "momento", entonces está para siempre perdido en lo desconocido, incapaz de ver o hablar, o de siquiera moverse. Es el segundo "momento" el que hace posible la *real-ización*, el "hacer real" la experiencia zen en el mundo concreto de los eventos humanos. Aquí uno da un giro completo, para regresar a lo absolutamente concreto de su ser encarnado, en el aquí y ahora. Dicho de otro modo, la dimensión de la vacuidad llega a tomar una *forma* concreta, sea ésta un color, como el de una mancha café en la pared, o un sonido, como el del estornudo de la persona a nuestro lado, o un dolor en nuestra pierna. En este segundo "momento", la divina oscuridad se ilumina y se manifiesta en la mente ordinaria. Pero con una diferencia: uno vive cada evento, cada aspecto de nuestra vida ordinaria, desde su fulcro en la vacuidad, es decir, *iluminado* por la divina oscuridad.

Un eco de dicha diferencia se encuentra en la exclamación de Pablo (Gálatas 2:20) arriba citada: "ya no soy yo el que vive, sino Cristo que vive en mí". En la terminología paulina, habiéndonos zambullido en el misterio de la muerte-resurrección de Cristo, habiendo muerto para nosotros mismos, pasamos a vivir en lo más prístino de la vida, en todo lo que somos y hacemos. Vaciados de yo, llegados a esa dimensión que está más allá de todo conocimiento, uno pasa a llenarse de la absoluta plenitud de Dios. Nuestro destino último es simplemente "conocer el amor de Cristo, que rebasa todo conocimiento, para que podamos llenarnos de la plenitud de Dios" (Efesios 3:18-19). Todo, cada momento, se vive como una nueva creación, y es de esta manera como experimentamos la plenitud de este misterio.

Solidaridad en el sufrimiento

Enseguida, uno despierta en la profundidad del mar de la con-pasión, del sufrimiento compartido, identificándose con el sufrimiento de todos los seres sensibles. En términos cristianos, vivir la novedad de la vida "en Cristo" es también vivir como quien sufre con todos aquellos que abrazó Cristo en la cruz. Así, con cada respiración, conforme uno se llena de la novedad de la vida en Cristo, se nada en el mar de la con-pasión.

Uno se ve confirmado en esta solidaridad con aquellos que llevan las heridas del mundo en y a través del mismo aliento que nos impele a hacernos uno con el dolor de todos aquellos que sufren. Éste es un dinamismo (de la palabra griega que significa "poder") que también nos mueve a curar todas las heridas y a la reconciliación de todo lo que está separado. Este poder de la con-pasión es lo que mueve a una persona a trabajar de manera concreta en busca de alivio al sufrimiento del mundo. Nos guía para tomar decisiones concretas y emprender tareas reales y difíciles en nuestra situación actual.

El círculo interno del misterio

Juntos, los elementos de la vida zen iluminada nos abren los ojos a un "misterio triuno" que se encuentra en el corazón mismo de nuestra existencia humana. En primer lugar, este misterio consiste en lo desconocido e incognoscible, que es al mismo tiempo la insondable fuente de todo: "Nadie ha visto nunca a Dios..." (Juan 1:19; 6:46); en segundo lugar, en el Uno en el que todas las cosas llegan a ser, totalmente manifestadas y encarnadas en la realidad histórica: "Y el verbo se hizo carne y vivió entre nosotros" (Juan 1:14), el verbo eterno en y a través del cual toda la multiplicidad de cosas del universo tomaron forma y "sin el cual no había nada que pudiera crearse" (Juan 1:3); y en tercer lugar, en el mar de la compasión en el que estamos inmersos en el corazón de nuestro ser, que se identifica también con el aliento viviente que sostiene y mantiene unida a toda la creación y le infunde y la llena de vida ("La tierra no tenía forma y estaba vacía... y el aliento de Dios se movió sobre las aguas"; Génesis 1:2); "Es el aliento que da vida" (Juan 6:63). Éste es el mismo misterio triuno que es a la vez el fundamento y la realización de la existencia humana.

Uno simplemente despierta a su ser verdadero que yace en el corazón de este misterio: el desconocido, el manifiesto y el mar de con-pasión. Uno despierta ya situado en el *círculo interno* de esta vida dinámica, de aliento en aliento.

En su tratado sobre la trinidad, san Agustín apunta:

> Pero el amor es de aquel que ama, y con el amor algo es amado. Mirad, entonces, que hay tres cosas: el Uno que ama, lo amado, y el amor mismo.

A la luz de la descripción de los tres "momentos" de la experiencia zen arriba expuestos tal vez se puede aventurar una correlación. La fuente incognoscible es el Uno que ama, el denominado Abba, padre y madre de todo. Lo manifiesto es aquello que es amado, la imagen eterna de dicha fuente, que es también el primogénito de toda la creación y en el que toda la multiplicidad de cosas en el universo tiene su fundamento. Y el mar de la con-pasión es el amor mismo, el aliento de Dios que reúne y vivifica al universo entero.

Despertar a la verdadera naturaleza de uno mismo significa verse abrazado en este círculo dinámico de amor. Significa reconocer el verdadero ser de uno mismo en el regazo mismo de este misterio triuno de amor, en cada aliento, a cada paso, en todo momento de nuestra vida.

El zen y la espiritualidad cristiana
Sincronización con la respiración

La postura, la respiración y el silenciamiento de la mente son los tres elementos claves del *zazen* o práctica de la meditación sentada. Primero se adopta una postura corporal que contribuya a una quietud prolongada, de preferencia en posición de loto. Pero más importante aún es cuidar que la espalda esté lo más recta posible al tiempo que se mantiene la curva natural de la baja espalda. En segundo lugar, se regula la respiración, centrando la atención en cada inhalación y exhalación. Y finalmente, se silencia la mente al no detenerse en ningún pensamiento o sensación en particular y manteniéndose enteramente presente en la posición sentada, con la atención puesta en cada respiración.

Ahora bien, en la tradición cristiana, el término espiritualidad proviene del griego *pneuma*, o espíritu, que a su vez se deriva del hebreo *ruah*, "aliento de Dios". A lo largo del Antiguo Testamento, el aliento de Dios cumple una función clave en todos los eventos significativos de la historia de la salvación, comenzando con el acto mismo de la creación, tal y como se describe en el libro del Génesis. El aliento de Dios es la dinámica presencia de Dios misma, una presencia que infunde de vida a todo y renueva la faz de la tierra.

La vida entera de Jesús está impregnada por esta dinámica presencia, el aliento de Dios, desde el momento de su concepción en el útero de la madre bendita –"El Espíritu Santo llegará a ti y el poder del Más Alto te arropará con su sombra" (Lucas 1:35)– hasta la culminación de su vida en la cruz, cuando devolvió su aliento al Padre: "A tus manos encomiendo mi espíritu" (Juan 19:30).

El tema que recorre toda la vida de Jesús se resume en el cita de Isaías que él leyó en la sinagoga de Nazaret, su pueblo natal:

> El espíritu del Señor está sobre mí,
> Quien me ha ungido para dar las buenas nuevas a los pobres,
> Me ha enviado a proclamar la liberación de los cautivos,
> Y devolverle la vista a los ciegos;
> A poner en libertad a los oprimidos
> Y a proclamar el año agradable del Señor.
>
> (Lucas 4:18-19)

La clave para entender la vida de Jesús está en percatarse de que él está repleto del aliento de Dios. Su entera existencia se vivifica, se inspira, se deja guiar y se cumple en él. Jesús quedó confirmado en esta identidad cuando, al ser bautizado en el río Jordán, escuchó la voz que decía: "Tú eres mi amado, en quien me complazco" (Marcos 1:11).

Para los cristianos, la espiritualidad no es otra cosa más que una vida de armonización con el espíritu, el aliento de Dios, en el que uno deja que todo su ser sea transportado en su dinámica presencia, guiado por él para poder descifrar los signos de los tiempos y responder ante cada situación. Al entregarse uno al aliento de Dios uno también puede, en los momentos de gracia, escuchar esa palabra afirmativa: "Tú eres mi amado, en quien me complazco."

Así, atender a la respiración en el zen no se reduce a un simple ejercicio físico que lo mantiene a uno concentrado en un punto, sino que supone la entrega misma de todo nuestro ser al aliento de Dios, aquí y ahora. Es dejar que todo nuestro ser sea poseído por el aliento de Dios y se vivifique, se inspire, se deje guiar y se cumpla en él.

Y al subsumirse uno al espíritu, el aliento de Dios, el ser entero se convierte en ofrenda para esta divina y dinámica acción liberadora en la historia: predicar la buena nueva a los pobres, proclamar la liberación de los cautivos, liberar a los oprimidos.

Pero uno debe preguntar, de manera concreta: *¿Quiénes son los pobres, los cautivos, los oprimidos?* La respuesta sólo puede provenir de una lectura de la situación concreta del mundo de hoy en día, es decir, una auténtica exposición a las situaciones de pobreza, opresión, explotación y destrucción ecológica en que muchos seres vivientes están atrapados actualmente. Colocarnos del lado de las víctimas de la violencia estructural y fáctica que se vive en el mundo actual nos proporcionará la clave para responder esta pregunta. Y sólo si somos capaces de reconocer, en lo concreto, a los pobres, los cautivos, los oprimidos, los marginados, podremos hacer las preguntas que siguen: ¿Cuál es la naturaleza de las buenas nuevas que se proclamarán a los pobres, la libertad que se proclamará a los cautivos, la libertad que se proclamará a los oprimidos?

Para abordar estas preguntas no podemos permanecer en un nivel ingenuo en que simplemente respondamos de manera superficial ante cada situación conforme se nos presenta y pretender remediar el dolor con un mero remedio externo. Antes bien, una cura total requiere de un examen de las *causas* de la enfermedad y la toma de medidas para permitir que todo el organismo tome la ruta de la recuperación. Necesitamos métodos sofisticados de análisis socioeconómico así como una evaluación ecológica detallada de la situación mundial contemporánea, desde todos sus distintos ángulos. Basándonos en esto podremos movernos en la dirección de proyectos y programas que respondan a las necesidades reveladas por dichos análisis socioeconómicos y evaluaciones.

Pero lo importante es que, independientemente de lo que haya que hacer a la luz de tales análisis para responder a los diferentes tipos de problemas y situaciones, nuestras acciones serán simplemente una respuesta al llamado del aliento al que uno ha entregado toda su existencia.

De manera que los pasos a tomar, cuando uno ha entregado su ser a la acción divina liberadora en la historia, son tan sólo movimientos naturales que se siguen a partir de una armonización con el aliento, dejándonos llevar por él, aquí y ahora, en cada inhalación y exhalación, respondiendo a tareas concretas para cada situación conforme se nos presenta.

Una persona iluminada, agudamente consciente de su total vacuidad, y sin embargo llamado de esta vacuidad hacia la plenitud del ser por la infinita Fuente de la vida, podría tal vez resumir su total existencia en un par de breves pasajes: "Tú eres mi amado, en quien me complazco" (Marcos 1-11). Una vez hecho su hogar en este amor afirmativo, exclama: "El aliento del Señor está sobre mí" (Lucas 4:16).

Apéndice

*Conversaciones con roshi Koun Yamada
y el padre Hugo Enomiya-Lassalle*

Nota introductoria

Roshi Koun Yamada (1907-1989) fue maestro zen del San-un zendo, o sala de meditación zen de las Tres Nubes, situado en Kamakura, Japón. Desde finales de los años sesenta, después de que roshi Yamada relevara al ya desaparecido roshi Yasutani Hakuun (1885-1973) como director del linaje Sanbo Kyodan del zen, muchos cristianos, incluyendo católicos legos así como sacerdotes, monjas, seminaristas y ministros y legos protestantes, comenzaron a practicar el zen con él, uniéndose a los numerosos practicantes budistas que en ese momento se entrenaban bajo su guía. Muchas de estas personas actualmente dirigen a otros en la práctica del zen en Estados Unidos, Europa y Asia. Su comentario a la famosa colección de koanes titulada *Wumen-kuan* fue publicada en inglés con el título *The Gateless Gate.*

♦♦♦

El padre Hugo Enomiya-Lasalle, S.J. (1898-1990) fue un sacerdote jesuita de origen alemán que vivió en el Japón desde 1929. Comenzó a practicar la meditación zen, según decía, "para aprender más sobre la cultura japonesa", y escribió numerosos libros acerca de sus experiencias. Después de recibir entrenamiento de distintos maestros zen, a principios de los años setenta entró en contacto con roshi Koun Yamada, bajo cuya guía completó su estudio del koan y quien lo autorizó como maestro zen. Fueron los esfuerzos pioneros del padre Lasalle en la dirección de distintos retiros zen en Europa lo que permitió que muchos cristianos del occidente abrieran sus ojos a las posibilidades de profundizar su vida espiritual mediante la práctica del zen.

♦♦♦

Fue para mí un enorme privilegio el haber recibido la guía de estos dos gigantes de la espiritualidad, cuya influencia seguirá sintiéndose por mucho tiempo todavía.

La conversación que a continuación transcribo tuvo lugar en Japón a finales de los años ochenta, poco antes de que estos dos grandes maestros fallecieran. A finales de los años sesenta y principios de los setenta un creciente número de cristianos, tanto religiosos como legos, comenzaron a reunirse en torno al magisterio de roshi Koun Yamada en Kamakura. En aquellos días, era raro que se presentara la oportunidad de participar en un retiro de meditación zen, el *sesshín*, bajo la guía de un auténtico maestro budista zen y al que acudieran tanto budistas como cristianos. Al rayar el alba, mientras los budistas entonaban sus sutras, en otro cuarto del zendo los cristianos se reunían para celebrar la eucaristía. Aparte de este momento en particular, el resto del tiempo todo lo demás se hacía en conjunto, sin distinción: compartir verdaderamente la vida, por parte de ambos grupos. Yo todavía estaba estudiando en el seminario jesuita, y el padre Lassalle, siendo el único sacerdote en aquel tiempo, se encargaría de la celebración de la eucaristía.

Semejante "diálogo de vida" fue posible gracias a la gran visión de roshi Yamada, en la que ahora tanto budistas como cristianos trascendían sus barreras sectarias y confluían en una misma vida del zen. Esto es en verdad una prueba de una nueva conciencia que tiene sus raíces en la experiencia del zen.

♦♦♦

Rubén Hábito: ¿Cuáles son los puntos que tiene más presentes cuando instruye a cristianos en la práctica del zen?

Roshi Yamada: Naturalmente, una de primeras preguntas que muchos cristianos me hacen es si pueden mantenerse fieles cristianos cuando acuden a la práctica del zen. Yo siempre les respondo que no tienen que preocuparse de dar la espalda o perder su fe; que el zen no es una religión en el sentido de que tenga un sistema de creencias y conceptos y prácticas que exijan algún tipo de adhesión exclusiva, y que no deben pensar en él en tal sentido. El zen es otra cosa. Así que les digo que no tienen que hacer a un lado su cristianismo cuando vienen al zen. Por el momento no voy a abordar el tema de lo que es el zen y la manera en que veo que se diferencia del cristianismo.

RH: Padre Lasalle, entiendo que usted ya había estado en Japón durante muchos años y que jugó un papel importante en la construcción de la misión japonesa de la Compañía de Jesús antes incluso de que empezara la Segunda Guerra Mundial. Fue en este contexto que usted se acercó a algunos maestros budistas para que lo instruyeran en el zen. ¿Qué lo impulsó a la práctica de esta disciplina?

Padre Lassalle: Cuando era un joven jesuita y realizaba mis estudios para el curato en Alemania, me hice voluntario para las misiones. Me impresionaba el reto que representaba África, especialmente la manera en que la gente ahí vivía en la más dura pobreza y el que todavía hubiera esclavos, y demás; y también leí un libro titulado *From Cape Town to Zambezi* sobre unos jesuitas que realizaron un viaje en un carro de bueyes. Cuando escribí mi carta para el voluntariado en África, yo estaba en el segundo año de mi noviciado y acababa de encomendársele a la provincia alemana la misión japonesa. De modo que recibí una respuesta directa del padre general de la orden que decía que no era la voluntad de Dios que yo me fuera al África y que me agradecía ¡el haberme ofrecido para ir como voluntario al Japón! Así fue como me vi asignado a la misión en este país.

RH: ¡Qué interesante giro de la providencia!

PL: ¡En eso se resumió mi comunicación con el general de la orden! Y me dije a mí mismo que, si iba a ir a Japón, debía familiarizarme con la cultura local. Fue en ese momento que empecé a leer los libros de D.T. Suzuki y a aprender que el zen ha ejercido una profunda influencia en la cultura japonesa. Me convencí de que si quería aprender sobre la mentalidad japonesa, también debía aprender sobre el zen. Cuando llegué al Japón en 1929 comencé a sentarme en zazen yo solo, sin instrucción alguna. Posteriormente visité algunos monasterios y recibí algunas indicaciones. Después de eso formamos un grupo que practicaba zazen, después de mi nombramiento en Hiroshima. En Tsuwano había un monasterio de Soto zen, donde hice mi primer *sesshín*. En esa época yo era superior de las misiones jesuitas.

RH: ¿Cuál fue la reacción de los otros jesuitas a su asistencia a un monasterio budista para practicar el zen?

PL: Recuerdo a un sacerdote que me dijo que estaba preocupado por mí y me advirtió que si continuaba con tales prácticas, corría el riesgo de perder mi fe. Y había otro hermano que siempre murmuraba: "¿En qué se está metiendo el padre Lasalle, yendo con los budistas y todo lo demás?"

RH: ¿Cómo describiría la experiencia de su primer *sesshín*?

PL: En aquel tiempo fue tan profunda mi impresión que me pregunté si no podrían adaptarse tales prácticas entre los cristianos. Así que di una plática a un grupo de hermanas y las alenté a introducirse en los métodos de meditación que yo había aprendido en el zen. Luego organicé un grupo de japoneses cristianos para que nos sentáramos juntos a la manera del zen, y se mostraron muy contentos, pues me dijeron que pensaban que, como ya se habían convertido al cristianismo, no les eran permitidas tales prácticas. Esto me dio ánimos; así que continuamos sentándonos juntos regularmente, y hasta logramos construir una sala de meditación zen para nosotros en Kabe, cerca de Hiroshima. Desafortunadamente, el edificio tuvo que ser derruido después de la guerra ya que el gobierno local necesitaba un lugar para instalar un generador de electricidad; y aunque me ofrecieron buscar otro lugar para nosotros, la Compañía no quiso construir otra sala.

RH: ¿Cuándo comenzó a practicar el zen con roshi Harada Sogaku?

PL: Eso fue después de la guerra. Muchas cosas quedaron destruidas después de la guerra, así que estuvimos ocupados en el proceso de reconstrucción. Como superior de los jesuitas, por un tiempo estuve atareado con la construcción de la catedral conmemorativa de Hiroshima. Pero cuando ésta estuvo concluida, reemprendí la práctica del zen. Fui a investigar a Eiheijii, el templo sede de la secta Soto, y ahí me recomendaron que fuera con roshi Harada. Cuando finalmente pude hablar con roshi Harada, éste se mostró bastante sorprendido, pues en esa época no tenía buenas relaciones con la gente de Eiheijii. Estuve con él durante cinco o seis años y recibí de él el koan *mu*. Después de su muerte, intenté continuar con sus sucesores en el templo, pero no hubo mayor progreso. Así que fue un tiempo después de esto que acudí a roshi Koun Yamada para que me instruyera. Y es ahí donde ahora me encuentro.

YR: Hay algunas preguntas que me gustaría hacer a los cristianos que acuden a mí para obtener instrucción en el zen. Desde hace mucho tiempo he querido hacer estas preguntas, pero me las he guardado, pues sentía que éstas sólo iban a confundir a los cristianos que comenzaban a practicar. Sin embargo, ahora confío en que a ustedes sí se las puedo plantear. Primero, ¿por qué no continuaron simplemente con prácticas de meditación siguiendo su tradición cristiana, en vez de acudir al zen? ¿Había algo que para ustedes que estuviera faltando en el cristianismo que los impulsara a buscar algo en el zen, o tenían alguna insatisfacción con el cristianismo que los condujera al zen? Y también una pregunta para los cristianos que han tenido la experiencia zen mediante el koan *mu*: ¿Cómo expresarían dicha experiencia en términos estrictamente cristianos? Y la tercera pregunta: después de que un discípulo ha tenido cierta penetración en *mu*, hay un koan que pregunta cuál es el origen de *mu*... ¿Cómo responderían a una pregunta sobre el origen de Dios?

PL: Para mí no era cuestión de que algo faltara en el cristianismo. Sólo quería aprender más sobre la mentalidad japonesa. Quería profundizar más en la cultura y en los tesoros espirituales del pueblo con el que iba a estar. Ésa es la razón por la que me introduje en la práctica del zen. Y en cuanto a continuar con las prácticas de la tradición cristiana, fue de hecho mi contacto con el zen lo que me permitió apreciar mejor la riqueza que hay en la tradición cristiana, especialmente la tradición mística en Europa, incluyendo a los místicos alemanes y españoles. Ya he hecho referencia a esto en mis libros sobre el encuentro de la tradición cristiana con el misticismo del zen.

RH: Para mí, lo que me llevó en un principio al zen fue el intento por aprender de otra tradición. Lo primero que hice, poco después de mi llegada a Japón, fue participar en un *sesshín*. La impresión que éste produjo en mí fue tan profunda que, naturalmente, quise seguir. Y fue a raíz de esto que me introdujeron a su grupo de zen. Claro, comencé con el zen con la motivación de explorar más a profundidad la pregunta *¿Quién soy yo?* Creo que esto es lo que nos coloca en la raíz del asunto, el punto fundamental de partida para cualquiera que se introduce en el zen.

Sin embargo, habiendo ya pasado por la experiencia del noviciado jesuita –que incluía los ejercicios espirituales de san Ignacio, que duraban un mes–, se podría decir que no estaba empezando de cero. Yo ya había atravesado por un periodo algo difícil de búsqueda personal y de Dios hacia el final de mi adolescencia, desde mis días de universitario en Filipinas; así que todo esto ya había quedado atrás cuando comencé con el zen. Así que, en mi caso, ya se había preparado el terreno para la experiencia con *mu* durante varias etapas de fe, duda, un poco de discernimiento, nuevas dudas, etcétera.

Cuando hojeo el diario que por entonces estaba escribiendo, me sorprende la cantidad de vueltas y encrucijadas por las que estaba atravesando. Como sea, para mí la experiencia con *mu*, que detonó a raíz de mi enfrentamiento con el koan del perro de Chao-chou, significó una sacudida total y, recuerdo, me tuvo riendo y llorando durante cerca de tres días. La gente que se encontraba entonces a mi alrededor debió pensar que me estaba volviendo loco. Por ahora, sólo puedo decir que dicha experiencia me permitió ver la verdad, lo imperioso, la realidad real contenida en lo que Pablo quería expresar en Gálatas 2:20: "Ya no soy yo quien vive, sino Cristo en mí."

Así que, para responder las primeras dos preguntas de roshi Yamada de un solo plumazo: me acerqué al zen en búsqueda de mi ser verdadero, y la experiencia que usted certificó como *kensho*, detonada por el koan *mu*, fue al mismo tiempo la realización de mi total vacío. Y sin embargo, vista desde otro ángulo, la experiencia de este total vacío es también el descubrimiento de un mundo vivificante de gracia plena que rebasó todas mis expectativas. A uno sólo le cabe exclamar, con Pablo: "¿Quién puede conocer la anchura, la longitud, la altura y la profundidad?", y ¿quién puede "conocer el amor de Cristo, que supera todo conocimiento"? (Efesios 3:18-19).

Si usted me pregunta por el origen de todo esto, sólo me es posible admitir que no sé. Uno sólo puede recibir, con humildad, de instante a instante, la plenitud de la gracia.

YR: Entiendo. Siempre he aceptado a cristianos como discípulos, sabiendo de manera implícita que hay algo en común que se puede compartir con ellos desde la perspectiva del zen, aunque yo no sé mucho acerca del cristianismo como tal. Sin embargo, me parece que, de lo que he logrado aprender de aquellos cristianos con los que he entrado en contacto, el cristianismo en sí ha experimentado transformaciones a lo largo de los años. O tal vez he tenido una especie de idea diferente del cristianismo, y es esa idea la que ha cambiado.

RH: Bueno, sí y no. Antes del Segundo Concilio Vaticano, que se celebró de 1962 a 1965, había una serie de ciertas nociones fijas que se asociaban con el cristianismo y que lo hacían parecer un conjunto de creencias, rígidas, cerradas y dogmas sostenidos por una especulación teológica altamente abstracta y ligados a una postura moralista hacia el mundo a menudo acompañada por una actitud autocelebratoria respecto de otras religiones. Los cristianos también daban la impresión de pretender tener el monopolio de la verdad, e incluso defendían la noción de que no había "salvación fuera de la Iglesia".

Afortunadamente, o tal vez debamos decir por obra de la gracia, el Segundo Concilio Vaticano alentó un "retorno a las fuentes originales" (*ad fontes*) de la cristiandad, lo que condujo a una mayor exploración de las raíces experienciales del mensaje cristiano tal y como lo expresan las escrituras. De manera que ahora nos es posible tomar al cristianismo como un mensaje de liberación absoluta, con base en un encuentro con el misterio divino en y a través de la humanidad de Jesús el Cristo. Pues al final, el cristianismo se reduce a esta experiencia religiosa básica de encontrar "la divinidad en lo humano".

YR: Hace poco, una de mis discípulas –monja benedictina– me mostró un libro escrito por un sacerdote católico alemán, Hans Waldenfels, S.J., que llevaba por título *Vacío absoluto*. Me impresionó mucho el contenido del libro y me permitió ver que lo que ustedes los cristianos denominan Dios tal vez no sea muy distinto de aquello de lo que hablamos en el zen. Hace apenas unos días me reuní con cuatro sacerdotes católicos que acaban de terminar su entrenamiento con koanes zen. Durante nuestra plática informal les pregunté acerca de esto, y todos ellos parecían estar de acuerdo en lo que respecta a un fundamento común para lo que ustedes llaman Dios y aquello de lo que nos ocupamos en el zen. El padre Lassalle vino después, y él también compartía este punto de vista.

RH: Sí, estamos hablando de algo que no puede formularse adecuadamente con palabras y conceptos. Si vemos las cosas desde esta perspectiva, es decir, con las limitaciones que imponen las palabras y conceptos que usamos en nuestro diálogo, y logramos ver más allá de dichas limitantes, entonces se hace posible participar de ese espíritu de comunión, de percepción de que respiramos el mismo aire y vivimos en un mismo mundo.

Me parece que debemos superar nuestras ideas unilaterales sobre Dios como una especie de super-persona o abuelo de barba blanca que mira todo desde el cielo, y comprender que Dios es no-persona, el fundamento de todas las cosas. Aquí nos enfrentamos a dos conceptos, el de *persona* y *no-persona*, y es necesario negarlos ambos. Tenemos que volver continuamente a la base experiencial de nuestro lenguaje teológico.

♦♦♦

YR: Tengo entendido que el papa, como cabeza de la Iglesia Católica y Romana, está bastante preocupado por la salvación de la humanidad, y por esta razón lo admiro. Pero puedo decir que no basta con los puros esfuerzos del papa por sí solo para salvar a la humanidad. Todos debemos unir nuestras manos en un esfuerzo común. El zen y el cristianismo pueden unir sus manos y, juntos, trabajar para este fin común.

Y para mí, una de las principales tareas que enfrenta la humanidad actualmente es el problema de la pobreza, o más bien, la solución al problema de la pobreza que mucha gente padece en el planeta. Esto no lo pueden lograr por cuenta propia ni las Naciones Unidas ni el Vaticano. Tal vez sea una tarea en la que tardaremos cien o doscientos años.

RH: Pero esto nos trae de vuelta al asunto de la relación del zen con nuestras realidades históricas y sociales. ¿Cómo percibe usted la naturaleza de nuestro involucramiento con el mundo? Éste es un punto muy importante en cuanto a la relación de la práctica del zen con la acción social.

YR: Si la gente tiene hambre, lo primero es ver que coman. En una situación semejante, no están en posición de oír acerca de nada más, y menos aún sobre zen o cristianismo. Uno debe, antes que nada, ver que estén cubiertas las necesidades básicas de la vida para, de ahí, pasar a otra cosa. Pero debo subrayar que no conviene vivir con grandes lujos. Siempre he hecho hincapié en la vía de la simplicidad, en estar satisfechos con lo que nos es dado. Desafortunadamente, en tiempos recientes los jóvenes se han acostumbrado y apegado demasiado al confort y al lujo. Esto no era así cuando nosotros éramos jóvenes.

RH: Padre Lasalle, ¿qué opina usted sobre esta cuestión de la práctica zen y el involucramiento social?

PL: La veo como el nacimiento de una nueva conciencia para la humanidad. Esta nueva conciencia trasciende el modo tradicional de ver, que se basa en la polaridad sujeto-objeto que percibe a los otros como "objetos" confrontados por mí como "sujeto". Esta nueva conciencia va más allá de esta oposición y lleva aparejada la percepción de que se es uno con todo. Es esta nueva conciencia la que sentará las bases para la relación del hombre con la sociedad y despejará el camino para nuestra participación social.

RH: Quisiera detenerme un poco más en lo que el padre Lasalle llama aquí una emergente "nueva conciencia". Tenemos el caso del individuo que sólo se percata de su "conciencia subjetiva" y, por lo tanto, se relaciona con las demás personas, con la naturaleza, etcétera, en términos de oposición. Desde este ángulo, sólo percibe un área muy reducida de la realidad. Es como si viera únicamente la parte del témpano de hielo que asoma a la superficie. En realidad, el ser verdadero va mucho más hondo. En primer lugar está el área del subconsciente, que se activa mientras dormimos, en los sueños. Luego hay un área más profunda, la que Carl Jung denomina el inconsciente colectivo, el cual ha compartido la humanidad a lo largo de la historia y que se refleja en patrones comunes tales como los sueños, los símbolos, los arquetipos. Pero ni siquiera esta área llega a tocar lo que roshi Yamada llamaría el "mundo esencial" del zen. Es lo que nosotros podríamos denominar "yo fenoménico".

El salto más allá de la conciencia subjetiva, que va más a lo profundo incluso que el subconsciente y el inconsciente colectivo, a través de esa dimensión en la que los opuestos coinciden, donde ya no hay más sujeto y objeto –es decir, el mundo de la vacuidad–, en esto se resume nuestra experiencia de *mu* en el zen. Éste es el punto en que uno despierta al hecho fundamental de ser uno con el universo entero, así como con todas y cada una de las cosas que tenemos a la mano, como esta flor, esa montaña, el sol, la luna, las estrellas. ¡No se trata de otra cosa más que de mí mismo! Esto es lo que le permitió a Buda exclamar: "Por encima de los cielos, por debajo de los cielos, nada digno de reverencia sino yo."

Si esta afirmación se entiende incorrectamente podría leerse como la expresión más pura de la blasfemia y el egocentrismo; pero entendida correctamente, es la exclamación mima del mundo de la vacuidad que es también el mundo de la unidad con todos los particulares contenidos en el universo. No hay otra cosa más que yo, ¡y no existe tal yo! Una contradicción conceptual, sin duda, pero no hay otra manera de decirlo.

Y desde esta perspectiva, en la que todo se hace manifiesto "tal como es", todo es visto con el ojo de la sabiduría. Es a la luz de este ojo de la sabiduría que surge la verdadera compasión, pues todos los dolores, las alegrías, el sufrimiento, los lamentos de todo el universo son como tales mi propia alegría, mi dolor, mi sufrimiento, mi lamento. Sólo desde esta perspectiva pueden generarse verdaderas obras de compasión. No se trata en absoluto de aquella "piedad" superficial hacia los demás en la que uno contempla a los que sufren como desde un ángulo externo a dicho sufrimiento. Aquí en el mundo de la vacuidad nos sumergimos en el corazón mismo de ese sufrimiento, que es el nuestro.

Una mirada directa al mundo actual, tal y como es, revelará el estado de sufrimiento por el que incontables seres vivientes atraviesan, aquellos que sufren en medio de una inhumana pobreza, en el que a cada minuto mueren bebés de inanición y en el que muchos siguen muriendo víctimas de la violencia tanto individual como estructural. Todo esto es *mi propio sufrimiento*, y mi cuerpo duele por todos lados. No me es posible mantenerme despreocupado y actuar complacientemente. Un dinamismo interior me compele a participar en la mitigación de este dolor y sufrimiento, de cualquier forma que me sea posible. Me viene a la mente la imagen de la diosa de la misericordia, la bodisatva Kwanyin, la de las mil manos extendidas por todo el mundo a aquellos que sufren.

♦♦♦

RH: ¿Qué es lo que cada uno de ustedes ve como tareas para futuros diálogos entre budismo zen y cristianismo?

PL: Yo quisiera citar a Jean Gebser, quien habla desde la perspectiva de lo que yo he dado en llamar la nueva conciencia emergente. Él dice que no podemos prever, en detalle, lo que habrá de resultar, pero que las cosas por sí solas habrán de tomar el camino correcto. No podemos hablar de ello en detalle a que estamos hablando de una dimensión que rebasa los conceptos. Desafortunadamente, mucha gente no está en posición de aceptar esto.

Recibí una carta de una persona que asistió a una de mis conferencias en Alemania, que decía: "Nosotros los cristianos no necesitamos todo eso de la vacuidad, ¡ya tenemos a Cristo!" La carta era cortés, pero desafortunadamente no captaba la idea de que, en el sentido en que lo decía, Cristo corre el riesgo de convertirse en mero ídolo, lo cual es un concepto del que necesitamos vaciarnos precisamente para poder encontrarnos con el Uno verdadero, en este mundo de la vacuidad.

YR: Como he dicho antes, soy de la idea de que el cristianismo no es en absoluto lo que antes pensaba, es decir, un mero sistema de creencias y conceptos rígidos. Algo hay en él en común con lo que nos interesa en el zen. Ahora, en cuanto a las diversas tareas que debemos enfrentar en el mundo de hoy, nadie podrá por sí solo enfrentarlas. Debemos, pues, unir nuestras manos para hacer un mundo que sea Uno.

RH: Vivimos una situación mundial que se podría describir muy bien con la parábola de la casa en llamas del Sutra del Loto. En el escenario que aquí se presenta los niños de Buda aparecen jugando con sus juguetes en una casa que está incendiándose. Pero como están demasiado entregados a su juego, no se dan cuenta del peligro que corren. Buda es comparado con el padre de los niños, quien está afuera de la casa tratando de llamarles la atención sobre la situación y pidiéndoles que vayan con él; pero ellos no lo escuchan.

De la misma manera, el lugar que habitamos, la Tierra, está a punto de desmoronarse debido a la continua violencia que la sacude y que tiene su raíz en todo tipo de conflictos ideológicos e, incluso, religiosos; un mundo en que la brecha entre ricos y pobres es cada vez más grande, y cuyos mayores desastres naturales, en buena medida, han sido causados por el hombre. Y sin embargo, todavía nos regodeamos en nuestra ignorancia, preocupados solamente por nuestros minúsculos egos y nuestros jueguitos egoístas. Con la realización de lo que el padre Lassalle denomina la nueva conciencia, o dicho de otro modo, con el vaciamiento de esta minúscula "conciencia subjetiva" centrada en sí misma para que se manifieste lo que roshi Yamada llama mundo esencial, el mundo de la vacuidad y por lo tanto y precisamente el mundo de la unidad, tal vez se encontrará la salida de esta casa en llamas.

Lecturas adicionales

Existen muchos libros y manuales introductorios sobre la práctica del zen en el mercado actualmente, pero para aquellos que quieran leer más sobre el estilo zen del linaje de Harada-Yasutani-Yamada y el Sanbo Kyodan, un buen libro para empezar es Los tres pilares del zen, editado por Philip Kapleau y publicado por esta casa editorial. *Taking the Path of Zen* de Robert Aitken es un excelente texto basado en la misma tradición. *On Zen Practice: Body, Breath and Mind* de Taizan Maezumi y Bernie Glassman es una valiosa colección de escritos en torno a elementos para la práctica inicial y que describe también lo que implican *shikantaza* ("sólo sentarse") y la práctica del koan. Asimismo, contiene un importante ensayo de Koun Yamada titulado "Is Zen a Religion?", que constituye una perspectiva fresca sobre las posibilidades interreligiosas de la práctica y experiencia zen. *Zen Meditation in Plain English* de John Daishin Buksbazen así como *The Art of Just Sitting*, una colección de textos de los maestros zen de la antigua China hasta la actual Unión Americana, editado por John Daido Loori, son también guías muy útiles para los que se inician en la práctica del zen.

En nuestro Maria Kannon Zen Center, el contenido de nuestras pláticas introductorias se presentan en Beginning Zen, disponible a través de www.mkzc.org. Para el estudio de koanes, *The Gateless Gate* de Koun Yamada le da al lector un vislumbre de lo ilimitado de la mente y corazón de este gran maestro zen del siglo XX. El libro *Gateless Barrier* de Robert Aitken es también una útil guía a esta clásica colección publicada originalmente en China en el siglo XIII. Las pláticas de Yamada en torno a los koanes del *Registro de la Roca Azul* han sido publicadas en traducción alemana y hay en proceso una traducción al inglés que será publicada por Wisdom Publications.

También se ha publicado una buena cantidad de libros acerca del budismo socialmente comprometido. Recomiendo en particular *The New Social Face of Buddhism* de Ken Jones, el cual es una versión revisada de un libro anterior del mismo autor en torno a un budismo socialmente comprometido, y *The Great Awakening* de David Loy, una muy penetrante exposición de teoría social basada en una visión budista de la realidad. Tocante específicamente al zen y al compromiso social, es de destacar *Zen Awakening and Society* de Christopher Ives. Mi propio *Healing Breath: Zen Spirituality for a Wounded Earth* también constituye un intento por articular la dimensión socioecológica de la experiencia y la práctica zen. Por lo que respecta a libros sobre zen y espiritualidad cristiana, las obras del padre Hugo Enomiya-Lassalle fueron pioneras en el tema, y aunque la mayor parte de ellas se publicó en alemán, están disponibles en inglés *The Practice of Zen Meditation* y *Living in the New Consciousness*. *Zen Mind, Christian Mind* y *Zen Gifts to Christians* de Robert Kennedy, sacerdote jesuita y maestro zen, son reflexiones sobre zen y la espiritualidad cristiana. Las obras de la hermana Elaine MacInnes *Light Sitting in Light* y *Zen Contemplation: A Bridge of Living Water* son dos muy recomendables testimonios personales escritos por una monja católica y maestra zen que fue también, durante mucho tiempo, directora de Prison Phoenix Trust, una fundación privada que enseña meditación a internos del sistema penal británico. *Beside Still Waters*, editado por Harold Kasimow, Linda Kepplinger Keenan y John Keenan, es una antología de ensayos de autores judíos y cristianos cuyas vidas fueron influidas por la práctica del budismo.

El libro *Zen and the Bible* de J.K. Kadowaki, sacerdote jesuita japonés y maestro zen de la secta Rinzai, y traducido por Joan Rieck, ofrece agudas reflexiones en torno al koan con resonancias de temas bíblicos provenientes de la experiencia personal del autor. Otro sacerdote jesuita, William Johnston, ha escrito numerosas obras sobre misticismo y espiritualidad cristiana que contienen muchas referencias descriptivas sobre el zen. Su *Christian Zen*, en particular, anima a cristianos a introducirse en la práctica meditativa budista y ofrece algunos puntos de vista teológicos útiles provenientes del zen. *Zen and the Kingdom of Heaven* de Tom Chetwynd es una obra lúcida que también merece mención. Y para una visión sobre temas cristianos de un budista ampliamente conocido, *The Good Heart: A Buddhist Perspective on the Teachings of Jesus* es una lectura muy refrescante.

ÍNDICE ANALÍTICO

K

L

M

N

O

P

Z

Acerca del autor

Rubén L.F. Hábito es autor de numerosas obras, tanto en japonés como en inglés, sobre zen y cristianismo y es una figura destacada en el diálogo budista-cristiano. Nativo de las Filipinas, Hábito ha oficiado como sacerdote jesuita en Japón bajo la tutela de un gran pionero espiritual, el padre Hugo Enomiya-Lassalle, y estudió zen con el renombrado maestro Koun Yamada. Actualmente vive en Estados Unidos.

Esta obra se terminó de imprimir
en diciembre de 2008, en los Talleres de

IREMA, S.A. de C.V.
Oculistas No. 43, Col. Sifón
09400, Iztapalapa, D.F.